Svenja Preuster
Illustrationen von Florine Glück

PROJEKT PLASTIKFREI

Dein Zero-Waste-Neustart: Zimmer für Zimmer in 6 Wochen

»Ich habe mich immer gefragt, warum nicht jemand die Welt verändert. Dann habe ich festgestellt, dass ich jemand bin.«

VORWORT

Zwischen 1950 und 2015 wurden weltweit 8,3 Milliarden Tonnen Plastik hergestellt. Das ist mehr als eine Tonne pro Mensch der aktuellen Weltbevölkerung. Weniger als 10 % wurden recycelt. Deutschland schmückt sich gern mit dem Titel „Recycling-Weltmeister", davon sind wir aber sehr weit entfernt. 2017 wurden gerade mal 15,6 % unserer Kunststoffabfälle wiederverwertet. Gleichzeitig sind wir der drittgrößte Exporteur von Plastikmüll in andere Länder wie Malaysia. Recycling ist also bisher nicht die Lösung aller Probleme. Aber was hilft dann? Vermeiden, wo es nur geht.

Wenn du dieses Buch in den Händen hältst, bist du dir wahrscheinlich schon der Auswirkungen unseres Mülls bewusst. Überall Plastik: im Meer, am Strand, im Wald, in Flüssen, in Tieren und auch in jedem von uns. Die bisherige Zerstörung können wir vielleicht nicht mehr rückgängig machen, trotzdem ist noch nicht alles verloren. Einige kluge Köpfe arbeiten mit Hochdruck an Lösungen, um Plastikmüll zum Teil wieder aus den Gewässern zu fischen, zum Beispiel das Projekt „The Ocean Cleanup". Damit die Müllberge in der Zwischenzeit nicht weiterwachsen, braucht es die Initiative von jedem von uns. In Deutschland verursacht jeder Einwohner im Schnitt pro Jahr 37 kg Plastikmüll aus Verpackungen. Da gibt es eine Menge Einsparpotenzial und genau da fangen wir an. Jeder Mensch kann seinen Teil beitragen, um den Planeten von Müll zu befreien.

Das Besondere an diesem Buch ist, dass wir nacheinander die verschiedenen Bereiche deines Lebens und deiner Wohnung durchgehen. Es funktioniert wie ein Sechs-Wochen-Programm, jede Woche beschäftigen wir uns mit einem anderen Raum. Wir fangen mit dem Einkaufen an, schauen in deine Küche, in dein Badezimmer, ins Wohn- und Arbeitszimmer sowie ins Schlaf- und Kinderzimmer. Zum Schluss überprüfen wir noch, was du unterwegs und auf Reisen unternehmen kannst, um Plastikmüll zu vermeiden. Am Ende eines jeden Kapitels findest du eine kleine Checkliste mit Inspirationen, was du in der Woche alles angehen und ausprobieren kannst. Wahrscheinlich wirst du nicht alle Tipps aus diesem Buch innerhalb von sechs Wochen umsetzen können. Ich habe dafür ein paar Jahre gebraucht, setze dich also bitte nicht unter Druck. Aller Anfang ist schwer und jeder noch so kleine Schritt ist gut.

Bereit? Dann lass uns loslegen.

INHALT

Mit diesem Buch wirst du Schritt für Schritt hingeführt zu einem Zero-Waste-Lifestyle. Damit die einzelnen Schritte präsent sind in deinem Leben, kannst du dir zum Buch ein A4-Miniposter herunterladen, das du dann z.B. an den Kühlschrank hängst. Das Poster steht in der Digitalen Bibliothek unter **www.topp-kreativ.de/digibib** nach der Registrierung bereit. Den Freischalte-Code findest du im Impressum.

DIE WELT
HAT GENUG FÜR
JEDERMANNS
BEDÜRFNISSE,
ABER NICHT FÜR
JEDERMANNS
GIER.

Mahatma Gandhi

WOCHE 1

EINKAUFEN

Über den Lebensmitteleinkauf bringst du den meisten Müll in dein Leben. Je nachdem, wo du wohnst, kann es schwieriger oder leichter sein, dies zu ändern. Im ländlichen Raum ist der nächste Unverpackt-Laden meist weit entfernt, dafür gibt es regionale Bio-Bauern und Wochenmärkte. Für alle Lebenslagen habe ich ein paar Tipps zusammengetragen, wie du schon beim Einkaufen viel Abfall vermeiden kannst.

TRINKWASSER OHNE PLASTIK

Du kannst schon eine riesige Menge Plastikmüll sparen, wenn du kein Wasser in Plastikflaschen mehr kaufst. Leitungswasser ist in Deutschland das am meisten kontrollierte Lebensmittel und bedenkenlos trinkbar. Falls du in einem Haus mit sehr alten Leitungen wohnst, kannst du dein Wasser auch testen lassen, um ganz sicherzugehen. Magst du gern Wasser mit Kohlensäure, überlege doch, ob ein SodaStream® für dich eine gute Anschaffung wäre. Ist es für dich gar nicht denkbar, Leitungswasser zu trinken, dann sind Glasflaschen mit Pfand die nächstbeste Wahl. Um auch unterwegs Wasser dabeizuhaben und keine Plastikflaschen kaufen zu müssen, lohnt sich die Anschaffung einer Glas- oder Edelstahlflasche, zum Beispiel von Klean Kanteen® oder Soulbottles®. Du kannst aber auch eine leere Glasflasche (z. B. eine Saftflasche) weiternutzen oder du schaust in der Drogerie, dem Supermarkt oder einem Kaufhaus nach hübschen wiederverwendbaren Flaschen.

PAPIERTÜTE STATT PLASTIKTÜTE?

Papiertüten wirken auf den ersten Blick umweltschonender, Papier zerfällt in der Natur oder kann recycelt werden. Die Herstellung dieser Tüten verbraucht aber sehr viel Energie und Wasser. Besser ist daher eine langlebige Tasche, die immer wieder benutzt wird.

EINKAUFS-MÖGLICHKEITEN

Im Discounter und Supermarkt ist es bisher am schwersten, müllfrei einzukaufen. Doch auch hier kannst du mit einigen kleinen Tricks schon eine erhebliche Menge Plastik einsparen.

- Stoffbeutel / wiederverwendbare Tasche oder leeren Karton für den Transport nach Hause
- unverpacktes Obst und Gemüse eventuell in mitgebrachte Beutelchen packen statt dünner Plastiktüten
- Glaskonserven statt Dosen
- Milchprodukte in Pfandflaschen und Gläsern
- Tofu im Glas, z. B. bei Rewe® erhältlich
- Tiefkühlgemüse in Kartons statt Plastikbeuteln
- eigens mitgebrachte Boxen für Käse, Wurst, Fleisch, Oliven und Antipasti (z. B. bei Tegut® möglich, einfach nachfragen)

Über die App ReplacePlastic® kannst du Herstellern und Firmen ganz unkompliziert mitteilen, dass du dir für ihr Produkt eine alternative, plastikfreie Verpackung wünschst.

WOCHENMARKT

Je nach Größe deines Wochenmarktes kannst du hier viel von deiner Einkaufsliste finden. Das Angebot an saisonalen und regionalen Lebensmitteln ist besonders groß und die wenigsten Dinge sind in Plastik verpackt.

- wiederverwendbare Tragetasche
- eigene Beutelchen für Obst und Gemüse
- eigene Boxen für Käse, Wurst, Antipasti und vieles mehr
- Gläschen für lose Gewürze
- Beutel für frisches Brot
- Karton für Eier
- mitgebrachte Boxen für frischen Kuchen

BIOLADEN

Meist ist die Auswahl an unverpacktem Obst und Gemüse hier deutlich größer als im Supermarkt, die Verkäufer*innen sind mitgebrachte Beutel und Boxen schon gewöhnt und dem gegenüber aufgeschlossen. Neben Lebensmitteln gibt es hier oft auch Naturkosmetik, ökologische Putzmittel sowie unverpackte Seifen.

- Beutelchen für Obst und Gemüse
- mitgebrachte Boxen für Käse, Wurst und Antipasti
- eigene Beutel für Brot und Brötchen
- mitgebrachte Boxen für Kuchen und Gebäck

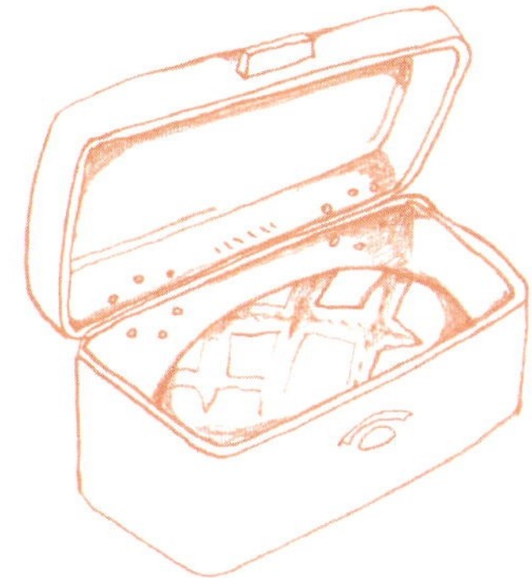

BÄCKER

Viele Bäcker*innen packen Brot und Brötchen gern in mitgebrachte Beutel. Fragen lohnt sich auf jeden Fall.

TÜRKISCHER SUPERMARKT

Nicht in jeder Kleinstadt gibt es einen Bioladen, aber türkische Märkte gibt es häufiger. Dort findest du eine größere Auswahl an unverpacktem Obst und Gemüse als im Supermarkt. Manche verkaufen auch Gewürze im Glas, unverpackte Trockenfrüchte oder Käsespezialitäten, die du dir in dein mitgebrachtes Behältnis füllen lassen kannst. Vergiss auch hier deine Beutelchen nicht.

UNVERPACKT-LADEN

In vielen größeren deutschen Städten gibt es mittlerweile Unverpackt-Läden. Dabei handelt es sich um Geschäfte, die Waren ohne Verpackung anbieten. Die Lebensmittel werden in großen Eimern, in Schüttsystemen an den Wänden oder in größeren Gläsern gelagert und können in selbst mitgebrachte Gefäße, wie z. B. Gläser, Plastikdosen und Beutelchen, abgefüllt werden. Diese wiegst du vor dem Befüllen und beschriftest sie mit dem Eigengewicht. Anschließend kannst du sie mit deinen Einkäufen befüllen. Beim Wiegen an der Kasse wird das Gewicht des Behälters dann abgezogen und du bezahlst nur die Waren. Das kannst du dir aber auch ganz einfach vom Personal vor Ort erklären und zeigen lassen. Die meisten Unverpackt-Läden haben ein umfassendes Angebot an Trockenwaren wie Nudeln, Reis, Getreide, Müsli, Nüsse, Trockenfrüchte, Gewürze, Tees, Kaffee usw. sowie ein Reinigungsmittelsortiment mit Waschmittel, Spülmittel, Geschirrspülmaschinenpulver und vieles mehr. Die meisten Läden haben auf ihrer Website eine Liste ihres Sortiments, dort kannst du dich vor deinem Einkauf informieren, was es alles gibt.

Eine Karte mit allen Unverpackt-Läden Deutschlands findest du hier: wastelandrebel.com/de/liste-unverpackt-laeden/

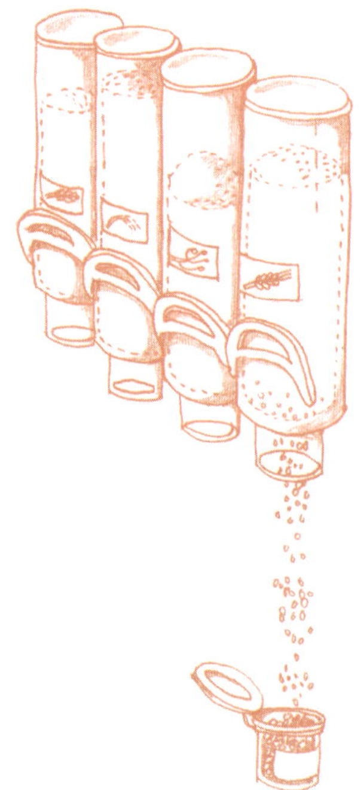

BIO-PRODUKTE

BIO-KISTE

Einige regionale Bio-Landwirt*innen bieten Obst- und Gemüselieferungen bis vor die Haustür. Ein Landwirt in meiner Nähe liefert beispielsweise immer samstags eine Pfandkiste mit Obst und Gemüse zu mir nach Hause. Diese Kiste kann ich mir im Onlineshop selbst nach meinem Geschmack zusammenstellen.

SOLIDARISCHE LANDWIRTSCHAFT

Bei den sogenannten Solawis handelt es sich um Bauernhöfe und landwirtschaftliche Betriebe, die (zum Teil) durch Beiträge von privaten Haushalten getragen werden, die dafür wiederum das dort angebaute Gemüse und Obst direkt beziehen. Du zahlst als Mitglied meist einen festen monatlichen Beitrag und erhältst dafür wöchentlich eine große Kiste der Ernte. Die Landwirt*innen haben so Planungssicherheit, können auch alte oder seltene Sorten anbauen, müssen nicht mit Märkten verhandeln und dürfen auch Gemüse und Obst verkaufen, das nicht den EU-Normen entspricht (mehr dazu findest du auf Seite 22).

Informationen zur solidarischen Landwirtschaft findest du unter: solidarische-landwirtschaft.org.

SAISONGARTEN

Hier kannst du auch ohne Garten oder Balkon selbst Bio-Gemüse anbauen. Die Landwirt*innen bereiten das Feld vor, bringen das Saatgut aus und pflanzen einige Jungpflanzen. Im Frühjahr bekommst du ein Stück des Feldes, für das du dann zuständig bist. Dafür zahlst du am Anfang des Jahres einen bestimmten Betrag. Du kannst noch dazu pflanzen oder säen, was dir fehlt, und bist verantwortlich für die Unkrautentfernung, Gießen und Ernten. Anschließend darfst du die ganze Ernte behalten. Die Landwirt*innen können so brachliegende Flächen bewirtschaften, du bekommst günstigeres Bio-Gemüse als im Handel und darfst selbst gärtnern und anbauen. Mehr Infos findest du unter: tegut.com/saisongarten/.

ONLINESHOPPING

Generell ist es für die Läden und Händler in deiner Region sowie für das Klima förderlich, wenn du so viel wie möglich „offline" einkaufst. Bestimmte Sachen lassen sich aber nur in speziellen Geschäften oder gar nicht finden, dafür lohnen sich Onlineshops sehr. Aber auch beim Einkaufen im Internet können unnötige Verpackungen eingespart werden, z. B. durch die richtige Wahl des Onlineshops. Große Händler und Marken benutzen meist viel mehr Verpackungsmaterial als nötig. Nachhaltige Onlineshops, die darauf achten, Müll zu vermeiden, werben meist auch damit. Sie verpacken ihre Ware gar nicht oder nur mit Papier. Wenn du nicht weißt, wie dein liebster Onlineshop das Verpackungsproblem handhabt, dann schau auf dessen Website unter FAQ oder „Nachhaltigkeit" nach. Solltest du nichts dazu finden, wende dich doch an den Kunden-Support und frag nach.

NACHHALTIGE ONLINESHOPS

- **Kornkiste®:**
  Die Kornkiste® ist ein Online-Unverpackt-Laden. Dort kannst du Bio-Lebensmittel bestellen, die dir in einer Mehrweg-Pfandkiste, Stoffbeuteln oder Gläsern geliefert werden. Ist die Kiste bei dir zu Hause angekommen, füllst du die Lebensmittel in deine eigenen Dosen und Gläser um und legst die Pfandbehälter zurück in die Kiste. Mit einem Retourenschein sendest du alles zurück zur Kornkiste®.
- **Mein Müsli-Laden®:**
  Mein Müsli-Laden® ist ein Onlineshop für Lebensmittel in Großverpackungen. Hier kannst du z. B. Bio-Nudeln in einer 2,5-kg-großen Papiertüte bestellen.
- **Waschbär®:**
  Dieser Shop hat ein sehr großes Angebot an nachhaltigen Produkten, z. B. Kleidung, Mehrwegflaschen und viele Dinge, die dir das Leben ohne Müll erleichtern. Der Waschbär Umweltversand® liefert erst ab einem Mindestbestellwert von 30 €, zum Schutz der Umwelt. Die Waren werden mit wiederverwendeten Kartons verpackt.

LEBENSMITTELMÜLL

Wahrscheinlich hast du schon davon gehört, dass wir in Deutschland ein großes Problem mit Lebensmittelverschwendung haben. Pro Jahr werden nur in Deutschland fast 13 Millionen Tonnen Lebensmittel weggeworfen. Über die Hälfte davon fällt in Privathaushalten an. Jährlich wirft jeder Einwohner durchschnittlich 85 Kilogramm Essen weg. Lebensmittel sollten auf keinen Fall verschwendet werden, daher habe ich ein paar Tipps gesammelt, wie du das verhindern kannst, bei dir zu Hause und auch darüber hinaus.

EINKAUFEN MIT PLAN

Viel Müll lässt sich schon verhindern, wenn man nur das eingekauft, was man auch verbrauchen und verzehren kann. Überleg dir vor dem Einkaufen, was du in dieser Woche kochen bzw. essen möchtest, und schreib dir alle Zutaten, die du brauchst, auf einen ganz altmodischen Einkaufszettel. Vielleicht fällt dir dabei auf, dass du viel unterwegs sein wirst und gar nicht so oft zum Kochen kommst. Überleg auch, welche Lebensmittel du bereits zu Hause hast und wann diese aufgebraucht werden müssen. So sparst du nicht nur Geld beim Einkauf, sondern verhinderst auch, dass du Lebensmittel wegwerfen musst. Eventuell ist es sinnvoller, zweimal in der Woche einkaufen zu gehen. Möchtest du z. B. am Samstag einen Salat essen, ist es keine gute Idee, diesen schon am Montag zu kaufen. Im Laufe der Woche wird er sicher welk. Kaufe ihn am besten erst Freitag oder Samstag.

MINDESTHALTBARKEITSDATUM (MHD)

Das MHD verunsichert immer noch viele Verbraucher*innen. Viele wissen nicht: Das MHD ist ein reiner Richtwert. Ist das Datum überschritten, ist das Lebensmittel nicht automatisch schlecht. Oft hält es sich noch Tage oder sogar Wochen und Monate lang. Rieche einfach am entsprechenden Lebensmittel, schau es dir genau an. Sieht es noch gut aus? Riecht es normal? Siehst du irgendwo Schimmel? Wenn soweit alles gut aussieht, probiere es doch einfach mal. Wenn es normal schmeckt, ist es auf jeden Fall noch gut. Sehr vorsichtig solltest du nur bei frischem Fleisch und Fisch sein, diese sind aber nicht mit einem MHD, sondern mit einem Verzehrdatum gekennzeichnet. Ist das Verzehrdatum überschritten, solltest du die Lebensmittel entsorgen.

Leider müssen Supermärkte Nahrungsmittel, deren MHD abgelaufen ist, generell wegwerfen. Einige Organisationen finden das so nicht in Ordnung und versuchen aktiv, die Lebensmittel vor der Mülltonne zu bewahren, z. B. Foodsharing® und sirplus®. Beim Foodsharing® holen sogenannte „Foodsaver" die Lebensmittel direkt in den angemeldeten Supermärkten, Bäckereien oder bei Wochenmärkten ab. Das betrifft oft Obst oder Gemüse mit kleineren Macken, Brot und Brötchen vom Vortag und vieles mehr. Die Foodsaver teilen die Menge entweder unter sich auf oder sie bringen sie zu „Fairteilern", da es meist viel zu viel ist, um alles alleine essen zu können. An diesen Stationen darf sich jeder die Lebensmittel abholen. Wo sich solche Stationen befinden und wie du selbst Foodsaver wirst, erfährst du unter foodsharing.de.

sirplus® umfasst Lebensmittelgeschäfte sowie einen Onlineshop. Die Geschäfte gibt es bisher nur in Berlin, aber bald sollen weitere in mehreren deutschen Städten folgen. Dort kannst du Obst und Gemüse, allerlei (fast) abgelaufene Lebensmittel, z. B. Kühlware, Tiefkühlware, Kosmetik, Haushaltsartikel usw., für etwa 30 % des ursprünglichen Preises kaufen. Der Onlineshop funktioniert ähnlich, dort kannst du verschiedenste Nahrungsmittel kaufen oder dir Boxen zusammenstellen lassen. Mehr Infos dazu findest du unter sirplus.de.

NICHT HÜBSCH GENUG?

Vielleicht hast du dich ja schon mal gefragt, warum im Supermarkt alle Gurken exakt gleich aussehen, während sie im Garten immer krumm wachsen. Es gibt bestimmte EU-Normen, die vorschreiben, wie Obst und Gemüse auszusehen hat, damit es verkauft werden darf. Viele Lebensmittel landen deswegen schon in der Tonne oder werden als Tierfutter verwendet, bevor sie es jemals bis in einen Supermarkt schaffen, da sie der Norm nicht entsprechen. Für die ungerade gewachsenen Gurken, krummen Möhren, zu klein oder zu groß geratenen Äpfel engagieren sich die etepetete®-Retterboxen und die Rübenretter®. Bei beiden handelt es sich um Online-Versandboxen. Diese werden wöchentlich mit saisonalem, regionalem Bio-Obst und -Gemüse gefüllt und zu dir nach Hause geschickt. Da die Nahrungsmittel nur wegen ihrer äußeren Erscheinung aussortiert werden, kaufen etepetete® und die Rübenretter® diese zum eigentlichen Preis auf. Denn das Obst und Gemüse sollte nicht weniger wert sein und schmeckt nicht schlechter, nur weil es nicht gerade oder hübsch genug ist.

TIPP

Weitere Informationen findest du unter etepetete-bio.de und ruebenretter.de

ZERO-WASTE-TOOLS FÜR DEINEN EINKAUF

1 Wiederverwendbare Tragetaschen, z. B. Jutebeutel, findest du in jedem Supermarkt, aber du hast bestimmt auch einen bei dir zu Hause. Pack dir für spontane Einkäufe nach der Arbeit, Uni oder Schule immer einen Beutel in deinen Rucksack / deine Akten- oder Handtasche . Auch im Auto kannst du welche lagern.

2 Kleine Beutelchen ersetzen die dünnen Obst- und Gemüsetüten, aber auch Bäckertüten und Papierbeutel auf dem Wochenmarkt. Wähle am besten welche aus Baumwolle, die Polyesterbeutel können beim Waschen Mikroplastik abgeben. Solche Beutel findest du z. B. im Penny Markt®, Unverpackt-Laden oder online (z. B. shop.ecoyou.de, naturalou.de). Natürlich kannst du sie auch selbst nähen, z. B. aus aussortierten T-Shirts.

3 Edelstahlbox sind perfekt für Einkäufe an der Frischetheke oder als Brotbox für unterwegs, sie sind erhältlich im Kaufhaus, Bioladen, Unverpackt-Laden oder online (ecobrotbox.de, kivanta.de). Am nachhaltigsten ist es natürlich, wenn du einfach die (Plastik-)Dosen, die du bereits zu Hause hast, weiterverwendest.

4 Du brauchst dir keine speziellen Bügelverschlussgläser zu kaufen. Viel günstiger und umweltschonender ist es, leere Einweggläser zu nutzen, z. B. von Gewürzgurken, Tomatensoße oder Marmelade. Diese kannst du reinigen und nach dem Wiegen im Unverpackt-Laden befüllen. Falls du größere Gläser benötigst, um Lebensmittel in größeren Mengen zu kaufen, findest du solche direkt im Unverpackt-Laden, bei Ikea®, im Kaufhaus oder mit etwas Glück auf eBay Kleinanzeigen®.

WUSSTEST DU SCHON, DASS ...

in den Deckeln von Glaskonserven Dichtungen aus Plastik sind? Diese bestehen aus PVC und enthalten leider auch Weichmacher. Eine Alternative dazu sind Blueseal-Deckel, die weltweit ersten Deckel ohne Weichmacher.
Diese an der blauen Farbe erkennbaren Dichtungen werden in Deutschland produziert. Marken wie Alnatura®, Zwergenwiese®, EnerBio® von Rossmann® und viele weitere Bio-Hersteller verwenden diese Deckel.

CHECKLISTE

- ☐ wiederverwendbare Trinkflasche besorgt
- ☐ kleine Beutelchen gekauft oder genäht
- ☐ eigenen Beutel zum Einkaufen mitgebracht
- ☐ unverpacktes Obst und Gemüse gekauft
- ☐ Wochenmarkt besucht
- ☐ Brötchen ohne Bäckertüte geholt
- ☐ Unverpackt-Laden in der Nähe besucht, wenn möglich
- ☐ Einkaufszettel geschrieben und daran gehalten
- ☐ Wurst und Käse in mitgebrachte Boxen füllen lassen

Nun trägst du stolz deinen ersten plastikreduzierten Einkauf nach Hause, aber wie lagerst du die ganzen Lebensmittel am besten, damit sie sich möglichst lange halten? Und wie kannst du in der Küche noch mehr Müll einsparen? Das findest du im folgenden Kapitel heraus.

NOTIZEN

WOCHE 2
KÜCHE

Unser Alltag wird immer stressiger, viele Termine, lange Arbeitszeiten. Da sparen wir oft die Zeit zum Kochen, Backen und Aufwaschen. Deshalb boomen Einwegverpackungen, Fertiggerichte und Mikrowellenmahlzeiten, die leider sehr viel Müll verursachen. Langlebigere Alternativen gibt es, sie sind nur nicht so bekannt und manchmal nicht so einfach zu finden.

Nachdem du im ersten Kapitel erfahren hast, wie du möglichst verpackungsfrei einkaufen kannst, kommen wir nun zur Aufbewahrung und Lagerung der Lebensmittel. Denn in der Küche entsteht neben Plastikmüll auch viel Biomüll. Dieser verrottet zwar, aber die Lebensmittel haben schon durch Bewässerung, Ernte, Transport und Kühlung viele Ressourcen verbraucht. Lebensmittelabfälle zu vermeiden schont aber nicht nur die Umwelt, sondern natürlich auch deinen Geldbeutel.

LAGERUNG VON GEMÜSE

Richtig gelagert, hält sich das meiste Gemüse ziemlich lang. Hier findest du ein paar Tipps.

- **Salat, Spargel:**
  im Kühlschrank, am besten in ein feuchtes Tuch gewickelt
- **Radieschen:**
  direkt vom Grün befreien, dann in einer mit Wasser gefüllten Schüssel im Kühlschrank lagern, Wasser regelmäßig wechseln
- **Möhren:**
  bleiben länger knackig, wenn du sie aufrecht in ein mit Wasser gefülltes Glas in den Kühlschrank stellst
- **Kartoffeln, Zwiebeln:**
  treiben nicht so schnell, wenn du sie dunkel und kühl lagerst
- **Tomaten:**
  bleiben aromatischer, wenn du sie bei Zimmertemperatur aufbewahrst

TIPP

Bei vielen Gemüsesorten können die Blätter mitgegessen werden. Rote-Bete-Blätter und Radieschengrün kannst du einfach in einer Gemüsepfanne mit braten.

FRISCHHALTEFOLIE VERMEIDEN

Angeschnittenes Gemüse kannst du ohne Frischhaltefolie aufbewahren, indem du die Schnittfläche auf einen kleinen Teller legst und es so in den Kühlschrank stellst. Als Alternative gibt es noch wiederverwendbare Wachstücher (siehe Seite 31).

LAGERUNG VON OBST

Unter den richtigen Bedingungen kannst du auch frisches Obst lange Zeit genießen.

- **Exotische Früchte (Mango, Banane, Papaya …):**
  nie im Kühlschrank lagern, sie verlieren dort ihr Aroma
- **Steinobst (Zwetschgen, Mirabellen, Pflaumen …):**
  bei Zimmertemperatur lagern und rasch verzehren
- **Zitrusfrüchte:**
  in geheizten Räumen können sie nach einiger Zeit austrocknen, bei längerer Lagerung empfiehlt sich hier eine Speisekammer oder ein unbeheizter Raum bis minimal 15 Grad.
- **Beeren:**
  Erdbeeren und Himbeeren verderben schnell, Johannisbeeren und Heidelbeeren können ein paar Tage gelagert werden.
- **Einheimisches Kernobst (Äpfel, Birnen, Quitten):**
  im oberen Fach des Kühlschranks oder in einem kühlen Raum / Keller

ACHTUNG BEI OBSTSCHALEN

Äpfel, Birnen, Nektarinen, Feigen, Pfirsiche, Pflaumen und andere Obstsorten geben das Reifegas Ethylen ab, sie beschleunigen also das Nachreifen bestimmter Obst- und Gemüsesorten. Dies kannst du zu deinem Vorteil nutzen, es kann aber auch von Nachteil sein, da Lebensmittel so schneller verderben können.

ZERO-WASTE-SWAPS: KÜCHE

Es gibt in der Küche viele Dinge und praktische Helfer, die du leicht gegen nachhaltigere und verpackungsfreie Alternativen austauschen kannst. Hier folgen ein paar Tipps.

- **Kaffee kochen:**
  Nutze wiederverwendbare Filter, z. B. aus Stoff, oder eine French Press. Vermeide Kapseln und Pads, sie sind teuer und produzieren viel Müll.
- **Tee kochen:**
  Brühe losen Tee in einem Tee-Ei oder einem kleinen Tee-Sieb über, erhältlich im Supermarkt und Kaufhaus.
- **Frühstück verpacken:**
  Nutze Mehrwegdosen aus Kunststoff oder Edelstahl, erhältlich im Supermarkt, Kaufhaus, Unverpackt-Laden oder online (ecobrotbox.de, kivanta.de).
- **Strohhalme** gibt es aus Glas oder Edelstahl mit Bürstchen zum Reinigen, erhältlich bei Metro®, dm Drogerie®, Kaufhaus, Unverpackt-Laden oder online (halm.co, ecobrotbox.de).
- **Spieße:**
  Diese gibt es aus Edelstahl statt Holz oder Plastik, erhältlich im Supermarkt, Kaufhaus.
- **Backpapier:**
  Nutze stattdessen Dauerbackfolie oder Backmatten aus Silikon, erhältlich im Angebot bei Discountern, Tchibo®, Unverpackt-Laden oder online (backdorf.de, tchibo.de).
- **Muffinförmchen:**
  Greife auf wiederverwendbare Silikonförmchen zurück, erhältlich im Supermarkt, Kaufhaus.
- **Alufolie:**
  Diese solltest du, soweit es geht, vermeiden. Bei der Gewinnung von Aluminium wird sehr viel Wasser verseucht. Recycelte Alufolie erhält man in der dm Drogerie® oder von „If you care"® bei alles-vegetarisch.de.

- **Frischhaltefolie:**
  Stattdessen gibt es wiederverwendbare Wachstücher mit Bienenwachs oder aus veganem Material, erhältlich in Unverpackt-Läden, dm Drogerie® oder online (little-bee-fresh.de, gruene-bude.de). Du kannst diese Tücher auch leicht selber machen.
- **Gefrierbeutel:**
  Nutze wiederverwendbare Gefäße statt Beutel, z. B. Glascontainer, Plastikboxen, Silikonbeutel, normale Schraubgläser, diese sind erhältlich im Kaufhaus, Supermarkt oder der Drogerie.
- **Eiswürfel herstellen:**
  Kaufe lieber wiederverwendbare Formen statt Eiswürfelbeutel.
- **Servietten:**
  Warum nutzen wir nicht Stoffservietten wie in teuren Hotels und Restaurants? Das wirkt nicht nur sehr edel, sondern spart auch viele Papierservietten. Erhältlich sind solche Servietten im Kaufhaus, Küchenfachgeschäft oder online (kulmine.de, purenature.de).

TIPP

Ich hätte es auch nie geglaubt, aber man kann normale Schraubgläser von Marmelade, eingelegten Gurken usw. tatsächlich zum Einfrieren nutzen. Dafür einfach die Gläser maximal zu 90 % füllen und den Deckel nur leicht aufschrauben oder das Glas ohne Deckel ins Gefrierfach stellen, bis das Lebensmittel gefroren ist, dann den Deckel festziehen.

LECKERE ZERO-WASTE-REZEPTE

MANDELDRINK

ZUTATEN

- 1 Handvoll Mandeln (am besten aus Europa)
- 1 Liter Wasser

TIPP

Die festen Reste kannst du zum Müsli essen oder einfrieren und später zum Backen nutzen, du musst sie nicht entsorgen.

ZUBEREITUNG

Mixe alles im Hochleistungsmixer. Passiere die Flüssigkeit dann durch ein Tuch oder nutze einen Nussmilchbeutel. Der Drink hält sich mindestens drei Tage im Kühlschrank.

SCHNELLER PIZZATEIG

(für ein Blech)

ZUTATEN

- 400 g Mehl
- 260 ml selbstgemachter Mandeldrink oder Wasser
- 2 EL Öl
- ½ TL Salz
- 4 TL Backpulver

ZUBEREITUNG

Ofen auf 250°C Umluft vorheizen. Den Mandeldrink / das Wasser, Öl und Salz in eine Rührschüssel geben. Backpulver und Mehl mischen und tassenweise mit der flüssigen Mischung vermengen. Den Teig mit den Knethaken des Handrührgeräts vorbereiten, dann mit den Händen fertig kneten. Den Pizzateig ausrollen und mit beliebigem Belag für 10 Minuten im Ofen backen.

REZEPT: PFLANZLICHER PARMESAN

ZUTATEN

- 20 g Cashewkerne
- 1 EL Hefeflocken
- ½ TL Meersalz / Kräutersalz

ZUBEREITUNG

Alle Zutaten in einem Mixer oder einer Küchenmaschine fein hacken, abschmecken und genießen.

PFLANZLICHE KÄSESOSSE

ZUTATEN

- 300 g Kartoffeln
- 100 g Karotten
- 250 ml Gemüsebrühe
- 1 TL Rauchsalz
- 1 EL Zitronensaft
- 100 g Cashewkerne
- 30 g Hefeflocken
- 1 Zwiebel
- 1 Knoblauchzehe
- 1 kleine Chili

ZUBEREITUNG

Gemüse putzen und würfeln. Kartoffeln, Karotten, Zwiebeln und Knoblauch für 10-15 Minuten weichkochen. Anschließend mit den übrigen Zutaten in einem guten Mixer zu einer homogenen Masse verarbeiten.

Die Käsesoße ist vielseitig einsetzbar, z. B. als Käsefondue, zu Raclette, über Pizzen und Aufläufen oder als Dip zu Nachos – ganz wie im Kino.

SCHNELLER, FRISCHER NUDELTEIG

ZUTATEN

- 2 Tassen Mehl
- ½ Tasse Wasser (je nach Mehlsorte etwas mehr)
- 1 EL Öl
- 1 TL Salz

ZUBEREITUNG

Alle Zutaten vermischen und zu einem geschmeidigen Teigkloß verarbeiten. Diesen auf einer bemehlten Arbeitsfläche ausrollen und dünne Streifen, Rechtecke oder beliebige andere Nudelformen ausschneiden. Diese für 2-3 Minuten in gesalzenem Wasser kochen.

TIPP

Wenn es mal ganz schnell gehen soll, kannst du aus der Teigschüssel einfach kleine spätzleförmige Portionen mit dem Löffel herausschaben und direkt ins kochende Wasser geben.

SCHOKOCREME

ZUTATEN

- 1 Tasse Zucker
- 1 Tasse Kakao
- 1 Tasse Sonnenblumenöl
- 1 Tasse Haselnüsse
- 1 Prise Salz
- 1 Vanilleschote

ZUBEREITUNG

Alle Zutaten in einem Hochleistungsmixer zu einer homogenen Masse verarbeiten. Für mehr Festigkeit kannst du die Creme mit Johannisbrotkernmehl anbinden.

SEITANSTEAKS

ZUTATEN

- 100 g Seitanpulver (erhältlich im Tegut®, Reformhaus oder Bioladen)
- Gemüsebrühe
- Salz
- Pfeffer
- Gewürze, z. B. Paprikapulver, Steakgewürz
- Knoblauch
- Öl

ZUBEREITUNG

Das Seitanpulver nach Packungsangabe mit Gemüsebrühe zu einer Teigkugel verarbeiten und diese 15 Minuten ziehen lassen. In der Zwischenzeit gesalzenes Wasser zum Kochen bringen. Den Teig in Scheiben schneiden und für 20 Minuten im Wasser kochen. Anschließend gut ausdrücken und abkühlen lassen.

Nun die Marinade zubereiten aus Öl, Salz, Pfeffer, Paprikapulver, Steakgewürz und Knoblauch. Die Seitanscheiben und die Marinade in eine gut schließende Box geben und kräftig schütteln. Dann für einige Stunden ziehen lassen. Nun kannst du die Seitanscheiben wie Steaks grillen oder braten.

MÜLLBEUTEL

Eine der häufigsten Fragen, die ich bekomme, ist: „Wie vermeidest du Müllbeutel?" Gute Frage! Es ist natürlich einfacher, je weniger Müll im Haushalt anfällt. Hier ist unsere Lösung.

In unserer Küche steht ein einfacher Mülleimer mit zwei kleinen, herausnehmbaren Eimern. In einen kommt der Plastikmüll. Mit diesem Eimer können wir direkt zur gelben Tonne laufen, er muss nur gelegentlich mit Allzweckreiniger saubergemacht werden. Solltest du keine gelbe Tonne haben, kannst du den Plastikmüll auch direkt im gelben Sack sammeln.

In den anderen Eimer kommt der Restmüll, der im Vergleich zu früher wirklich sehr wenig ist, da fast der gesamte Badezimmermüll wie Tampons, Wattepads, Einwegrasierer etc. wegfällt. Dieser Müll kann auch direkt zur Restmülltonne gebracht werden. Im Badezimmer haben wir für Gäste kleine Mülleimer, als Mülltütenersatz nutze ich oft verschiedene Verpackungen, die trotz aller Bemühungen immer mal anfallen.

Papiermüll sammeln wir aktuell in einer großen Plastikkiste, diese bringen wir ebenfalls direkt zu den Papiertonnen vorm Haus. Wenn du zum nächsten Container laufen musst, kannst du deinen Papiermüll in großen wiederverwendbaren Tüten sammeln, z. B. die großen, blauen von Ikea®. Glasmüll und Pfandflaschen sammeln wir ebenfalls in großen Tüten oder Körben.

Für den Biomüll gibt es mehrere gute Varianten. Wenn du eine Biotonne hast, kannst du den Müll in einer Schüssel oder Box sammeln und diese regelmäßig leeren. Da mich im Sommer die Fruchtfliegen sehr stören, war das für mich keine gute Lösung. Ich habe auch schon oft von kleinen Wurmkisten gelesen, die in die Küche gestellt werden können. Wir haben uns dann für einen Bokashi Indoor-Komposter entschieden und sind sehr zufrieden damit. In den viereckigen Behälter mit Deckel und einem Ablaufventil wird der Biomüll gefüllt und nach jeder Schicht kommt etwas Bokashi Ferment darauf, das sind Mikroorganismen, die den Biomüll zersetzen / fermentieren. Beim Öffnen stinkt es nicht nach Essensresten, sondern es riecht leicht nach Sauerkraut. Beim Kompostieren entsteht eine Flüssigkeit, die als Rohrreiniger oder verdünnt als Pflanzendünger genutzt werden kann. Der Komposter ist nach zwei bis drei Wochen voll und kann dann weitere zwei Wochen fermentieren. Danach kann man den Inhalt auf den Kompost oder, wenn keiner zur Verfügung steht, in die Biotonne entleeren. Bei einem Zweier-Set dieses „Zimmerkomposters“ muss also nur alle drei Wochen der Biomüll entleert werden. Die Behälter kannst du selber bauen oder online kaufen (ebenso sowie das Ferment) unter em-kaufhaus.de.

MÜLLTRENNUNG

Recycling und Mülltrennung sind auch in Deutschland nicht perfekt. Sie helfen aber dabei, wertvolle Stoffe wiederverwendbar zu machen. Daher ist es sehr wichtig, bei den ganzen Tonnen und Säcken zu wissen, was denn wohinein kommt. Schau dazu in die Tabelle, informiere dich aber auch bei deinem örtlichen Entsorgungsunternehmen, die Regeln können manchmal sehr unterschiedlich sein.

TIPP

Joghurtbecher und Glasgefäße musst du nicht spülen, bevor du sie entsorgst. „Löffelrein" reicht völlig, da die Behältnisse für die Wiederverwertung ohnehin gespült werden.

Tonne	Das darf rein	Das darf nicht rein
Gelber Sack / Gelbe Tonne	Kunststoffverpackungen, z. B. Flaschen, Tüten, Tuben, Schalen, Netze, Metallverpackungen und Verschlüsse aus Blech oder Alu, Tetrapacks, Styroporverpackungen (nicht das Dämmmaterial)	Einwegrasierer, Zahnbürsten, CDs, Plastikkinderspielzeug, Feuerzeuge
Papier	Kartonagen, Papiertüten, Zeitungen, Pappe	Zeitschriften mit beschichtetem Cover, Kassenzettel, verschmutztes Papier, Fotos, Einwegteller aus Papier
Bio-Müll	Obst- und Gemüseabfälle, Eierschalen, Teebeutel, Essensreste, verschimmelte Lebensmittel, Gartenabfälle	Bio-Plastik (auch nicht die Bio-Plastikmüllbeutel), Haustierkot
Restmüll	Windeln, Kehricht, Scherben, Zigaretten, Asche, Fotos, Staubsaugerbeutel, Kerzen, Feuchttücher, Leder, Gummi, Glühbirnen, Haustierkot, CDs, Einweggeschirr, Zahnbürsten, Einwegrasierer, Kinderspielzeug, Feuerzeuge, Hygieneartikel wie Damenbinden, Kassenzettel	Energiesparlampen
Glas	Altglas (z. B. Marmeladengläser, Ölflaschen, Getränkeflaschen ohne Pfand)	Trinkgläser, Fensterglas, Kristallglas, Spiegelglas, Porzellan, Keramik, Glühbirnen, Vasen

TIPP

Ist eine Glasflasche nicht eindeutig einer Farbe zuzuordnen, kannst du sie in den Grünglas-Container werfen. Diese Farbe verträgt die meisten sogenannten Fehlfarben beim Einschmelzen.

KÜCHE PUTZEN

Du brauchst nicht zig verschiedene Putzmittel, um deine Küche sauber zu halten. Ein paar Hausmittelchen erledigen das oft genauso gut.

- Schwämme und Putzlappen bestehen oft aus Plastik. Bevorzuge Baumwolle und Spülbürsten aus Holz. Ökologische Schwammtücher erhältst du im Supermarkt, dm Drogerie®, Unverpackt-Laden, Bioladen oder online (selinaturladen.de, waschbaer.de).
- Ökologisches Geschirrspülmittel erhältst du in der Drogerie oder im Unverpackt-Laden. Du kannst es aber auch selber machen.
- Geschirrspülmaschinenmittel gibt es in Form von Tabs ohne Plastikfolie von Frosch® und dm nature® oder als Pulver von Sonett®, erhältlich in der dm Drogerie® oder im Unverpackt-Laden.
- Klarspülmittel kann durch Tafelessig ersetzt werden.
- Zum Entkalken vom Wasserkocher reichen 1 Schuss Essigessenz und ½ Liter Wasser. Beides in den Wasserkocher geben und kurz aufkochen. Dann ausleeren und anschließend einmal mit klarem Wasser aufkochen.
- Auch Allzweckreiniger kannst du leicht selber machen. Er löst Kalk und tötet Bakterien und Pilze (siehe Seite 41).
- Abflussreiniger lässt sich ebenso leicht aus ein paar Hausmitteln herstellen (siehe Seite 41).

DIY-PUTZMITTEL

SPÜLMITTEL

ZUTATEN

- 10-15 g geriebene Kernseife
- 3-4 TL Natron
- 500 ml Wasser
- 5 Tropfen ätherisches Öl

ZUBEREITUNG

Koche das Wasser auf und übergieße die geriebene Seife damit. Schlage die Mischung mit dem Schneebesen, bis sich die Seife komplett aufgelöst hat. Abkühlen lassen und dabei immer mal wieder umrühren. Falls die Konsistenz zu fest ist, mehr Wasser hinzugeben. Anschließend mit Natron und dem ätherischen Öl mischen und z. B. in eine alte Spülmittelflasche abfüllen.

ALLZWECKREINIGER

ZUTATEN

- 60 ml Tafelessig (5 % Säure)
- 240 ml Wasser
- Schalen von Zitrusfrüchten

ZUBEREITUNG

Wasser und Essig zusammen in eine Flasche schütten und die Fruchtschalen dazugeben. Alles mehrere Wochen ziehen lassen. Dann die Schalen entfernen und die Flüssigkeit z. B. in eine alte Sprühflasche füllen.

ABFLUSSREINIGER

ZUTATEN

- ½ Tasse Natron
- ½ Tasse Essigessenz
- 1 Liter gekochtes Wasser

ZUBEREITUNG

Einen Spüllappen anfeuchten. Das Natron in den Abfluss geben und den Essig darüber schütten. Dann sofort den Lappen über den Abfluss legen. Alles 10 Minuten einwirken lassen und anschließend heißes Wasser in den Abfluss gießen.

GERÄTE UND MÖBEL

Am ressourcenschonendsten sind gebrauchte Gegenstände. Elektrogeräte für die Küche findest du problemlos auf eBay Kleinanzeigen®. Aber auch wenn du umziehst und eine ganz neue Küche brauchst, wirst du hier fündig. Dabei kannst du nebenbei auch sehr viel Geld sparen und du glaubst gar nicht, wie groß die Auswahl ist. Ich habe seit Jahren kein neues Möbelstück mehr kaufen müssen. Soll es doch ein neues, aber nachhaltiges Möbelstück sein, könntest du hier fündig werden: memolife.de, bio-moebel.eu, avocadostore.de, allnatura.de, annex.de und die „Grüne Erde"®-Geschäfte sowie grueneerde.com. Achte bei Elektrogeräten unbedingt auf die Energieeffizienz. Damit kannst du nicht nur Energie, sondern auch Geld sparen. Ein paar weitere Stromspartipps für die Küche folgen hier:

- Eco-Programme bei der Spülmaschine bevorzugen
- Flaschen mit Wasser füllen und an die leeren Plätze im Kühlschrank legen. Sie fungieren als Kältespeicher, das heißt, beim Öffnen des Kühlschranks entweicht weniger kalte Luft.
- Immer Topfdeckel verwenden
- Die richtige Topfgröße für Herdplatten wählen
- Wasser im Wasserkocher kochen statt auf dem Herd (außer bei Induktion)
- Vorheizen des Backofens weglassen (außer bei Soufflees)
- Herdplatten und Backofen einige Minuten vor Garzeitende abschalten, Restwärme nutzen

CHECKLISTE

- ☐ Kaffee oder Tee gekocht ohne Müll
- ☐ Wachstuch gekauft
- ☐ Allzweckreiniger selbst gemacht
- ☐ Tomaten außerhalb des Kühlschranks gelagert
- ☐ Dauerbackfolie gekauft
- ☐ Müll ohne Beutel getrennt
- ☐ im Supermarkt / Bioladen nach ökologischem Geschirrspülmaschinenmittel geschaut
- ☐ etwas in einem Schraubglas eingefroren
- ☐ Mandeldrink selbst gemacht

Nach dem Einkaufen und der Küche schauen wir nun in dein Badezimmer, wo sich oft große Mengen an Plastikverpackungen und -utensilien befinden, für die es tolle, unkomplizierte Alternativen gibt. Diese vereinfachen deine Körperpflege, machen richtig Spaß und sind auch noch sehr hübsch anzuschauen.

NOTIZEN

WOCHE 3

BADEZIMMER

In meinem Badezimmer standen bis vor ein paar Jahren unterschiedliche Shampoos, Spülungen, Haarkuren, für jedes Körperteil eine andere Creme, verschiedene Deos und noch viel mehr. Zu der Zeit war ich ein Teenager und hatte mich durch die Werbung stark beeinflussen lassen. Irgendwann habe ich mich gefragt, ob ich das wirklich alles brauche. Außerdem sammelten sich in einer großen Tüte allerlei leere Verpackungen an. In den letzten Jahren habe ich viele Dinge kennengelernt, die nicht nur mein Badezimmer entrümpelt, sondern auch meine Haut verbessert und mein Leben vereinfacht haben.

ZERO WASTE SWAPS: PFLEGEPRODUKTE

Nutze **Seifenstücke** statt flüssiger Handwaschseife. Die bekommst du im Bioladen, der Drogerie oder im Reformhaus. Natürlich kannst du auch lernen, Seife selber zu sieden. Körperseife ersetzt das Duschgel und ist erhältlich im Bioladen, der Drogerie, im Reformhaus oder auf Handwerkermärkten.
Make-up lässt sich einfach mit Öl, Wasser oder Gesichtsseife entfernen. Dazu kannst du zum Beispiel wiederverwendbare Mikrofasertücher oder (selbstgemachte) Abschmink-Pads aus Baumwolle nutzen.

Statt der **Deo**-Spraydose kannst du auf Deocreme, Deo im Zerstäuber oder festes Deo zurückgreifen, z. B. verfügbar in der Drogerie, im Unverpackt-Laden oder online. Bekannte Marken dafür sind Alverde®, Lamazuna® und Ponyhütchen®. Du kannst Deoaber auch selbst herstellen.

REZEPT
DEO

- 1 gestrichener TL Natron
- 70 ml abgekochtes erkaltetes Wasser
- ätherisches Öl nach Wunsch

Natron im Wasser auflösen, 3-4 Tropfen ätherische Öle, z. B. Orange von Primavera (Reformhaus, Bioladen), hinzugeben, alles in einen leeren Zerstäuber oder eine leere Sprühflasche füllen.

- **Bodylotion** gibt es in Form vom fester Bodybutter im Unverpackt-Laden oder online, empfehlenswert sind die Marken Dr. Hauschka® und Annemarie Börlind®. Sie bieten Bodylotion in Glasverpackungen. Du kannst sie aber auch selber machen. Hier folgt mein Rezept für Körperbutter, die sich auch toll als Geschenk geeignet.

REZEPT
KÖRPERBUTTER

- 100 g unraffinierte Sheabutter (aus dem Unverpackt-Laden, Reformhaus oder unter sheathome.com)
- 12 ml beliebiges Pflanzenöl
- 1 Tropfen Vitamin E / Tocopherol (erhältlich unter sheathome.com)
- 10 Tropfen ätherisches Öl (z. B. Blutorange, Lavendel …)

Sheabutter in ein Gefäß geben und mit dem Handrührgerät luftig aufschlagen. Nun die anderen Zutaten hinzugeben und unterrühren. Die luftige Masse in ein Gläschen füllen. Durch das Vitamin E ist die Butter leicht konserviert und hält mindestens 6 Monate.

- **Zahnpasta-Ersatz** gibt es in Form von Zahnputzpulver im Reformhaus, fester Zahnpasta von Lamazuna®, Dent Tabs® aus der dm Drogerie® oder aus dem Unverpackt-Laden. Auch Zahnpasta und Mundspülung kann man aber selber machen.

REZEPT
ZAHNPASTA

- 1 EL Kokosöl
- 1 TL Kurkumapulver
- 1 Prise Natron
- 1 TL Birkenzucker / Xylit / Xucker (optional)
- ätherisches Minzöl (in der dm Drogerie® als japanisches Heilpflanzenöl)

Erwärme das Kokosöl im Wasserbad, damit es sich besser verbindet, und vermische dann alle Zutaten in einem Schraubglas. Nun kannst du einfach die Zahnbürste in die Zahncreme tauchen oder mit einem Löffel eine erbsengroße Menge auftragen und dann wie gewohnt Zähne putzen.

WARUM KURKUMA?

Kurkuma wirkt entzündungshemmend und antibakteriell, es soll sogar trotz seiner Farbe die Zähne leicht aufhellen.

REZEPT
MUNDSPÜLUNG

- 250 ml lauwarmes Wasser
- 20 g Birkenzucker / Xylit
- 1 TL Natron
- 5 Tropfen ätherisches Pfefferminzöl (z. B. japanisches Heilpflanzenöl aus der dm Drogerie®)

Alle Zutaten in eine leere, saubere Glasflasche füllen und kräftig schütteln, bis sich der Zucker aufgelöst hat.

TIPP

Auf Reisen kann die Mundspülung in Pulverform mitgenommen und vor Ort mit Wasser gemischt werden.

WARUM XYLIT?

Birkenzucker wird im Körper nicht wie Zucker verstoffwechselt, er schmeckt aber süß. Die Kariesbakterien verzehren diesen Zucker, können aber keine Energie daraus gewinnen und gehen sozusagen mit „vollem Magen“ zugrunde.

- **Rasierseife** ersetzt den Rasierschaum. Du findest sie online z. B. von Savion® oder im Unverpackt-Laden. Du kannst aber auch einfach normale Seife nutzen.

HAARE WASCHEN UND PFLEGEN

Jedes Haar und jede Kopfhaut sind anders, daher gibt es hier nicht den einen Geheimtipp. Ich habe lange mit Lavaerde gewaschen, dann mit Roggenmehlshampoo und habe verschiedene Haarseifen ausprobiert. Nun wasche ich meine Haare seit zwei Jahren nur mit Wasser. Probiere aus, was am besten zu dir und deinen Haaren passt.

Lavaerde gibt es in der Drogerie oder online, Haarseifen in der dm Drogerie®, im Unverpackt-Laden oder online z. B. von Savion®, Wolkenseifen®, Steffis Hexenküche® oder Sauberkunst®. Festes Shampoo gibt es im Unverpackt-Laden oder online z. B. von Lamazuna®.

Nur mit Wasser zu waschen, kann am Anfang sehr schwierig sein, da die Kopfhaut an die aggressive Reinigung mit Tensiden gewöhnt ist. Wichtig dabei ist vor allem das Bürsten mit einer Wildschweinborstenbürste oder für Veganer mit einer reinen Sisalbürste. Dadurch wird der Haartalg bis in die Spitzen verteilt, wo er oft fehlt.

REZEPT

ROGGENMEHLSHAMPOO

- 3-4 EL Roggenmehl (kein Vollkorn)
- Wasser

Je nach Haarlänge etwas mehr oder weniger Roggenmehl in einer kleinen Schüssel mit Wasser anrühren, bis es eine sämige, shampooähnliche Konsistenz hat. Am besten noch eine Stunde ziehen lassen, dann wie Shampoo benutzen und auswaschen. Auf YouTube gibt es ein Video dazu von mir, einfach nach „FräuleinÖko Roggenmehl“ suchen.

Früher habe ich viele Spülungen, Kuren und Sprays benutzt. Seit ich meine Haare ohne Shampoo wasche, ist das meiste davon überflüssig geworden. Meine Haarspitzen pflege ich mit Ölen, z. B. Rapsöl, Arganöl oder Kokosöl, Kopfhaut und Haaransatz mit einer sauren Rinse und ab und an mit einer Aloe-Vera-Kur.

REZEPT
SAURE RINSE

- 1 EL frisch gepresster Zitronensaft oder Apfelessig
- 1 l kaltes Wasser

Zutaten mischen und die Haare damit spülen. Am besten geht das kopfüber. Du musst die Mischung anschließend nicht ausspülen.

REZEPT
ALOE-VERA-KUR

- 1 großes Blatt (z. B. aus dem Bioladen) oder 6-7 kleinere Blätter Aloe Vera (z. B. von einer Topfpflanze)
- 150 ml Wasser

Stelle die Blätter zunächst mit der Schnittkante nach unten für etwa 1 h in ein Glas, es kann ein bisschen bräunliche Flüssigkeit ablaufen. Schäle dann die Oberseite der Blätter der Länge nach ab und kratze das durchsichtige Innere mit einem Löffel heraus. Püriere das Aloe-Vera-Fruchtfleisch mit dem Wasser. Die entstandene Flüssigkeit ist sehr glitschig und schwierig aufzutragen, aber es lohnt sich. Am besten auf der gesamten Kopfhaut und auch im Haar verteilen und gut einmassieren. Anschließend mindestens eine Stunde oder bis die Masse getrocknet ist, einwirken lassen. Dann auswaschen.

Es gibt auch Rezepte für Leinsamenhaarkuren, die sich besonders für lockiges Haar eignen.

- **Lippenpflege** gibt es in Metalldöschen, z. B. von Sauberkunst® oder in der Drogerie. Du kannst sie aber auch selber machen.

REZEPT
LIPPENPFLEGE

- 20 g Kakaobutter (Reformhaus, Unverpackt-Laden, sheathome.com)
- 10 ml Pflanzenöl (z. B. Raps, Walnuss, Kokos, Jojoba…)

Kakaobutter in einem Schüsselchen im Wasserbad schmelzen, Pflanzenöl unterrühren und abkühlen lassen. Das Gemisch wird heller, wenn es aushärtet. Dann nochmals verrühren, in ein Döschen füllen und vollständig aushärten lassen. Die Lippenpflege hält mindestens 6 Monate.

- **Sonnencreme** ist eine der wenigen Sachen, die ich lieber nicht selber mache. Es gibt gute Naturkosmetik-Sonnencreme von Lavera® (in der Drogerie), i+m® und fairsquared® (online erhältlich unter iplusm.berlin, fair2.me).
- **Mückenspray** kann für europäische Breitengrade selbstgemacht werden, für einen Aufenthalt in den Tropen empfehle ich das nicht.

REZEPT
MÜCKENSPRAY

- 4 EL Korn (35-40%ig)
- 7-10 Tropfen ätherisches Citronella-Öl
- Wasser

Alkohol und ätherisches Öl in die Sprühflasche geben, mit Wasser auffüllen. Vor jeder Verwendung kräftig schütteln, dann aufsprühen.

WÄSCHE WASCHEN

Auch Wäschewaschen funktioniert ganz einfach plastikfrei. Die folgenden Tipps sagen dir wie. **Flüssigwaschmittel** gibt es im Unverpackt-Laden, von Frosch® gibt es Waschpulver, das nur im Karton und ohne Plastik geliefert wird. Natürlich kannst du Waschmittel auch selber machen.

REZEPT

WASCHMITTEL (nicht für Wolle und Feinwäsche geeignet)

- 1 Liter Wasser
- 20 g geriebene Kernseife oder Olivenölseife
- 5 EL Natron oder 4 EL Waschsoda
- 5-10 Tropfen ätherisches Öl

Die Seife klein reiben und mit gekochtem Wasser übergießen, dabei mit dem Schneebesen rühren, bis sich die Seife aufgelöst hat. Das Gemisch abkühlen lassen und die restlichen Zutaten einrühren, anschließend in eine Flasche abfüllen. Gib nun zu jedem Waschgang 3-4 EL ins Waschmittelfach.

TIPP

Ich nutze immer die Waschsoda-Variante. Aber Achtung: es ist sehr fettlösend, daher sollte Hautkontakt vermieden werden.

- **Weichspüler für Buntes und Schwarzes**
  Hierfür einfach 50 ml Haushaltsessig (5% Säure) ins Weichspülfach geben. Du kannst auch Essigessenz aus der Glasflasche verdünnen. Dafür Essig und Wasser im Verhältnis 1:4 mischen. Pro Waschgang 50 ml nutzen.
- **Weichspüler für Weißes**
  5 TL Zitronensäure (z. B. von Heitmann® aus der Drogerie, in Papier verpackt) mit einem Liter Wasser mischen, davon pro Waschgang 50 ml ins Weichspülfach geben. Das sorgt für strahlend weiße Wäsche.

TIPP

Wäsche, die bis zu 40 Grad gewaschen werden kann, wird bei 30 Grad genauso sauber. Dabei sparst du aber 40 % des Stroms.

NATURKOSMETIK

Als Naturkosmetik zertifizierte Produkte enthalten bessere Inhaltsstoffe. Zum Beispiel sind Parabene, Silikone, Erdöl und künstliche Duft- oder Farbstoffe nicht erlaubt. Viele Naturkosmetik-Marken bieten Produkte aus nachhaltigen Rohstoffen, achten auf eine faire Produktion und verzichten auf Tierversuche. Naturkosmetik ist nicht immer nachhaltiger verpackt als herkömmliche Kosmetik, schont aber deine Haut und verhindert, dass unökologische Stoffe ins Abwasser gelangen. Ich greife mittlerweile nicht mehr so oft auf Naturkosmetik zurück, da ich ganz viel selbst herstelle und mich auch nur sehr selten schminke. Gerade während des Umstiegs auf ein nachhaltigeres Leben oder falls ihr nicht so viel Freude an DIY habt, sind die folgenden Marken aber Gold wert.

Naturkosmetikmarken aus der Drogerie:

- Alverde® (dm Drogerie®)
- Lavera® (fast alle Drogerien)
- Alterra® (Rossmann®)
- Weleda® (fast alle Drogerien)
- Terra Naturi® (Müller®)
- hej organic® (dm Drogerie®)
- i+m® (Müller®, dm®)

Marken mit Glasverpackungen:

- Annemarie Börlind® (Reformhaus, Bioladen)
- Dr. Hauschka® (Reformhaus, Bioladen, Apotheken)

Alternative Verpackungen:

- ZAO® (ausgewählte Kosmetikstudios, ecco-verde.de/zao): Bambusverpackungen, nachfüllbar
- fairsquared® (Alnatura®, Bioläden, Unverpackt-Läden oder fair2.me): Pfandsystem, bei dem Glasflaschen, -tiegel oder Metalldosen beim Händler abgeben oder eingeschickt werden können
- ERUI® (erui-cosmetics.com): biologisch abbaubare Holzverpackungen, z.T. Pappe oder Metall

ZERO-WASTE-TOOLS

Die Plastik**zahnbürste** wird ersetzt durch eine Holzzahnbürste aus der dm Drogerie®, eine Bambuszahnbürste aus der Drogerie oder aus dem Unverpackt-Laden. Im Bioladen gibt es auch Zahnbürsten aus recyceltem Plastik.

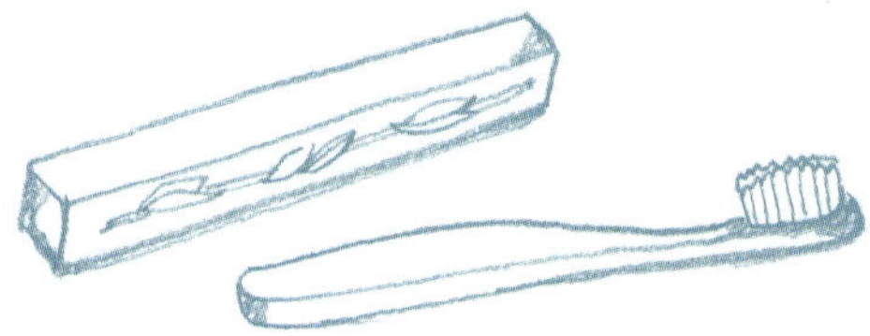

Günstige **Haarbürsten** verlieren schnell ihre Borsten und gehen kaputt, ich nutze seit Jahren den Tangle Teezer® (auch wenn er aus Plastik besteht). Bei Holzbürsten schwöre ich auf KostKamm®. Von der Marke gibt es Sisal- oder Wildscheinborstenbürsten im Reformhaus, Naturkaufhaus oder online (kostkamm.de).

Ich benutze einen **Rasierhobel** statt Einwegrasierern. Diesen bekommst du im Rasurfachgeschäft, Unverpackt-Laden oder online (shop.ecoyou.de, blackbeards.de).

Seifensäckchen helfen beim Aufbrauchen kleiner Seifenstückchen. So rutscht die Seife nicht aus der Hand. Du kannst sie auch direkt beim Waschen für einen Peeling-Effekt nutzen. Säckchen aus Sisal findest du z. B. in der dm Drogerie® oder im Unverpackt-Laden.

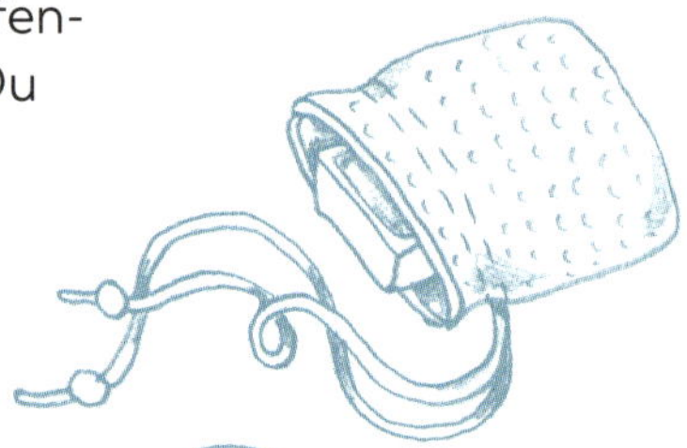

Abschmink-Pads kannst du ersetzen durch waschbare, wiederverwendbare Läppchen / Pads z. B. aus Baumwolle oder Bambus. Diese gibt es im Unverpackt-Laden oder online (shop.ecoyou.de, gopandoo.de, imsevimse.de). Du kannst sie natürlich auch selber nähen.

Bei jedem Waschgang geben Kleidungsstücke Fasern ab. Polyesterhaltige und kunststoffhaltige Kleidung solltest du daher in einem **Wäschesack** waschen, der Mikroplastik auffängt. Den Guppyfriend® Washing Bag erhältst du online (guppyfriend.com) oder im Unverpackt-Laden.

Menstruationsprodukte machen den meisten Badmüll aus. Es gibt inzwischen verschiedene biologisch abbaubare Tampons und Binden, dabei fällt aber immer noch sehr viel Müll an. Ich benutze seit drei Jahren eine Menstruationstasse, diese kann einfach ausgespült und wiederverwendet werden. Sie hält bis zu 10 Jahre. Besonders praktisch: Anders als Tampons muss sie nur alle 12 Stunden entleert und ausgespült werden. Du erhältst die Marken LadyCup®, MeLuna Cup® z. B. in der dm Drogerie®, im Unverpackt-Laden oder online. Alternativ gibt es auch noch Menstruationsschwämmchen, waschbare Baumwollbinden, z. B. von sonnenkinder.eu, oder Periodenunterwäsche mit integrierter Binde, z. B. von Kora Mikino® oder Kaynie.

Wattestäbchen komplett ohne Plastikteil gibt es z. B. in der dm Drogerie® oder von Hydrophil® im Unverpackt-Laden. Für die Ohrenreinigung gibt es wiederverwendbare Ohrenschlingen aus Edelstahl im Unverpackt-Laden, in der Apotheke oder online (zerowasteladen.de).

Die **Po-Dusche** ist in Asien weit verbreitet, bei uns ist eher das Bidet bekannt. Die moderne Lösung ist etwa so groß wie eine elektrische Zahnbürste. Statt der Borsten hat sie kleine Löcher. Man füllt den flexiblen Körper der Dusche mit Wasser. Durch einfaches Draufdrücken kommen sanfte Wasserstrahlen aus der Dusche, die den Po reinigen. Danach wird kaum noch Toilettenpapier gebraucht. Die „HappyPo“®-Po-Dusche ist in der dm Drogerie® oder online erhältlich.

BADEZIMMER PUTZEN

Putzen kann sehr einfach sein, nicht jeder Winkel deiner Wohnung oder deines Hauses braucht ein eigenes Reinigungsmittel. Das haben sich nur die ausgedacht, die damit Geld verdienen. Für die meisten Oberflächen, Böden, für Bad und Küche kannst du dieselben Reiniger nutzen. Das spart nicht nur viel Geld, sondern auch viel Verpackung, und dein Putzschrank bleibt übersichtlich. Außerdem kannst du mit wenigen Hausmitteln vieles selbst herstellen.

Falls du keine Lust auf DIY hast, greif am besten auf diese ökologischen Reinigungsmittelmarken zurück:

- Sonett® (Tegut®, dm Drogerie®, Unverpackt-Laden)
- Ecover® (Supermarkt, Bioladen, dm Drogerie®)
- Frosch® (Supermarkt, Drogerie)
- dm Nature® (dm Drogerie®)
- Sodasan® (Tegut®, dm Drogerie®)
- Almawin® (Bioladen, Reformhaus)
- Klar® (Bioladen, Reformhaus)

Auch deine Putzhelfer müssen nicht aus Plastik sein. Das sind die Alternativen:

- Lappen aus alten Baumwoll-Kleidungsstücken schneiden
- Öko-Schwammtücher, z. B. aus der dm Drogerie® oder dem Supermarkt
- Öko-Schwämme z. B. von Almawin® (Bioladen, Reformhaus)
- alte Zahnbürsten für Fugen und Ecken
- handgemachte Putzschwämme, Tücher, Schrubbschwämme von selinaturladen.de
- Stahlschwämme oder Kupferschwämme (Supermarkt, Drogerie)

REZEPT
TOILETTEN-REINIGUNGSTABS

- ½ Tasse Natron
- ½ Tasse Zitronensäure
- ½ Tasse Speisestärke
- Wasser
- 20 Tropfen ätherisches Öl

Die trockenen Zutaten in einer Schüssel mit einem Löffel vermischen. Die Masse mit Wasser besprühen, bis sie klumpig wird. Die ätherischen Öle hinzugeben. Alles mit dem Löffel in eine Eiswürfelform drücken und für 2 Tage trocknen lassen. Anschließend in einem Schraubglas lagern. Für eine saubere Toilette einen Tab in die Toilettenschüssel geben, sprudeln lassen, mit der Toilettenbürste etwas schrubben und dann abziehen.

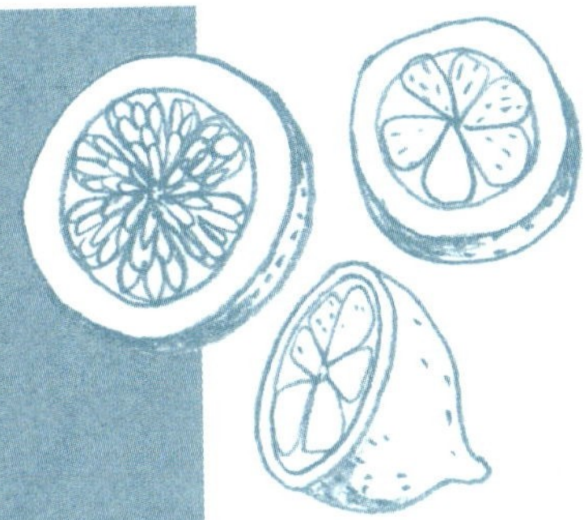

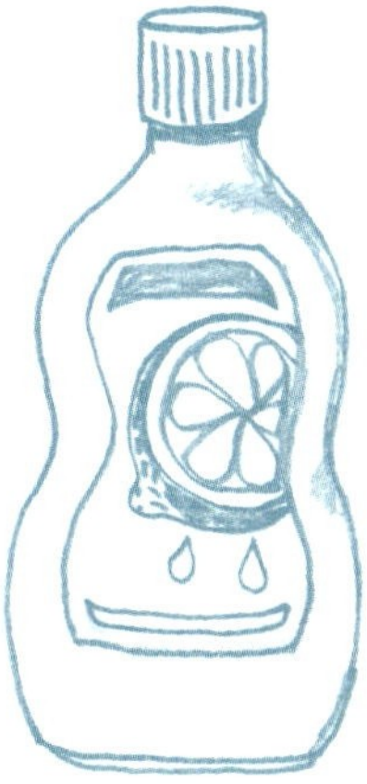

Auch zur Schimmelbehandlung musst du nicht auf harte Chemikalien zurückgreifen. Kleinere Schimmelstellen kannst du einfach mit einem Lappen und Essigessenz behandeln.

Rezepte für Allzweck- und Abflussreiniger findest du auf Seite 41.

BEI ALLEM,
WAS MAN TUT,
DAS ENDE
ZU BEDENKEN,
DAS IST
NACHHALTIGKEIT.

Eric Schweitzer

CHECKLISTE

- [ ] Seifenstück zum Händewaschen genutzt
- [ ] Deocreme selbstgemacht
- [ ] Holzzahnbürste gekauft
- [ ] selbstgemachtes Waschmittel ausprobiert
- [ ] in der Drogerie nach Naturkosmetik geschaut
- [ ] wiederverwendbare Wattepads gekauft / genäht
- [ ] im Supermarkt nach ökologischen Putzmitteln gesucht
- [ ] Körperseife ausprobiert
- [ ] Guppyfriend® Washing Bag gekauft

Als Nächstes schauen wir uns dein Wohnzimmer und dein Arbeitszimmer bzw. deinen Schreibtisch an. Du fragst dich vielleicht, ob da überhaupt Müll entsteht. Neben viel Altpapier kommt auch einiges an Plastik zusammen, was dir vielleicht noch gar nicht aufgefallen ist. Aber auch hier habe ich viele nachhaltige Alternativen für dich.

NOTIZEN

WOCHE 4

WOHN- UND ARBEITS- ZIMMER

Im Wohnzimmer und Arbeitszimmer stehen Möbel und elektronische sowie analoge Medien im Mittelpunkt. Hierdurch kann auch viel Müll entstehen, nicht nur durch Wegwerfen, sondern auch während der Produktion. Deswegen schauen wir in diesen Räumen genau darauf, welche ökologischen und nachhaltigen Alternativen es zu großen schwedischen Möbelhäusern gibt, wie du Elektroschrott vermeidest und welche kostengünstigen und müllfreien Entertainment-Angebote sich dir bieten.

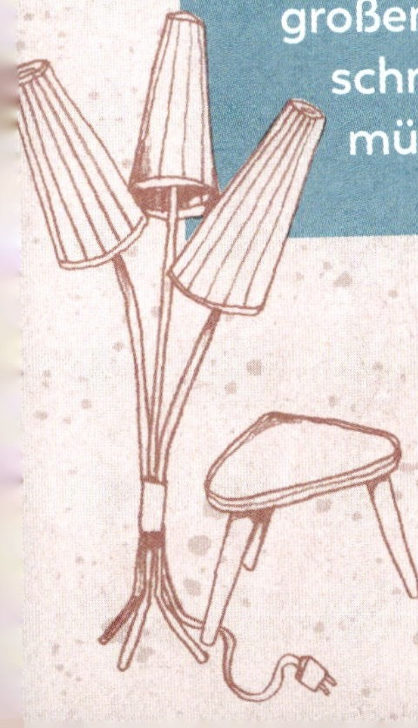

MÖBEL

Bei der Herstellung von Möbeln kommt es sehr darauf an, woher das Holz kommt und wie es geschlagen wurde. Auf Tropenholz solltest du, wenn möglich, verzichten, da dafür wertvolle Regenwälder gefällt werden. Bei günstigen Möbelstücken aus großen Verkaufshäusern handelt es sich hingegen oft um zusammengepresste Teile, die verklebt werden. Dieses Holz kann kaum recycelt werden und die Verbrennung ist auch schwierig, da die Kleber oft schädliche Stoffe enthalten. Wo kannst du also ökologischere Möbel finden?

Sofas, Schränke, Bücherregale, Schreibtische und vieles mehr kannst du auch wunderbar gebraucht kaufen. Genau wie bei Küchenmöbeln kannst du so Ressourcen nutzen, die bereits existieren, und musst keine neuen verbrauchen. Je nach deinem Geschmack kannst du richtige Schmuckstücke finden. Schön verschnörkelte Schränke, Echtholztische oder besondere Muster aus früheren Zeiten können deine Wohnung aufwerten. Dabei müssen die Möbel nicht teuer sein, oft verkaufen Menschen sie günstig, weil sie sie vorm Zusammenziehen mit dem Partner loswerden möchten oder sie lösen den Haushalt eines verstorbenen Angehörigen auf.

Gute Quellen für gebrauchte Möbel sind:

- eBay Kleinanzeigen®
- Flohmärkte
- Haushaltsauflösungen (werden oft auf eBay Kleinanzeigen® angekündigt oder durch Plakate)
- Verkaufsgruppen in sozialen Netzwerken (z. B. Facebook®)
- Umsonstläden

Umsonstläden gibt es mittlerweile an immer mehr Orten in Deutschland. Dort kannst du Dinge abgeben bzw. spenden, die du nicht mehr brauchst, die aber noch in gutem Zustand sind. Jeder kann die Geschäfte besuchen und sich selbst mitnehmen, was er oder sie gebrauchen kann. Hier gibt es eine Liste der Umsonstläden in Deutschland: kartevonmorgen.org. Klicke auf „Karte" und gibt bei „Wonach suchst du?" „Umsonstladen" ein.

Wenn es doch mal neue Möbel sein sollen, kannst du hier nachhaltig produzierte Stücke finden:

- trend.de
- loewenatur.com
- stocubo.de
- movisi.com/de
- werkhaus.de
- „Grüne Erde"®-Geschäfte sowie online unter grueneerde.com

PFLANZEN

Zimmerpflanzen aus Bau-, Möbel- und Supermärkten sind leider oft mit Pestiziden behandelt und unnötig in Plastik verpackt. Das lässt sich einfach umgehen. Viele Pflanzen bilden sogenannte Ableger, aus denen komplett neue Pflanzen wachsen, z. B. Grünlilien, Aloe Vera, Efeututen und viele mehr. Diese kannst du bei Freunden, Nachbarn oder auf eBay Kleinanzeigen® finden. Hast du eine solche Pflanze, kannst du selbst aus den Ablegern neue Pflanzen ziehen und brauchst keine kaufen. Um bei Blumentöpfen Plastik zu vermeiden, kannst du die Pflanzen direkt in Tontöpfe setzen, diese kannst du in Baumärkten oder auf Flohmärkten finden. Achte darauf, dass sie unten ein Entwässerungsloch haben und stelle immer einen Untersetzer darunter.

TIPP

Falls du einen Garten hast, freuen sich kleine Tiere und Insekten besonders über Gras und viele Blumen. Auch auf dem Balkon oder der Fensterbank kannst du Töpfe mit „Bienenblumen“ stellen.

TIPP

Steingärten sehen zwar ordentlich aus, du brauchst aber einen Flies oder eine Plane aus Plastik, um sie frei von Unkräutern zu halten. Diese Plane zersetzt sich mit der Zeit und kleine Plastikteilchen gelangen so in die Erde und ins Grundwasser. Das sollte unbedingt vermieden werden.

MEDIEN

Wir konsumieren ständig Content über digitale und analoge Medien, sie sind fester Bestandteil unseres Lebens. Aber auch durch sie fällt viel Müll an, durch die Verpackung und durch die Entsorgung des Mediums an sich. Bei elektronischen Geräten werden einige Erze und seltene Erden benötigt, die in Entwicklungsländern abgebaut werden. Hier herrschen oft katastrophale Bedingungen für die Arbeitenden und die Umwelt wird nicht selten dabei verschmutzt. Das kannst du vermeiden, indem du fair produzierte oder bereits gebrauchte Geräte kaufst. Achte dabei unbedingt auf eine hohe Energieeffizienz.

Gerät	Fair	Gebraucht
Smartphones	fairphone.com/de/ shiftphones.com	refurbed.de rebuy.de greenpanda.de eBay® & eBay Kleinanzeigen®
Laptops / Tablets	shiftphones.com	refurbed.de rebuy.de greenpanda.de eBay® & eBay Kleinanzeigen®
Computermaus	nager-it.de	
Fernseher		eBay® & eBay Kleinanzeigen® Flohmarkt

TIPP

Schau mal auf nager-it.de unter „Lieferkette". Unglaublich, wie viele Rohstoffe und Arbeitsschritte es nur für eine kleine Computermaus braucht und wie schwierig es ist, alles transparent offenzulegen.

SMARTPHONES ENTSORGEN

Viele Mobilfunkanbieter werben mit Verträgen, bei denen du alle 2 Jahre ein neues Telefon bekommst. Das ist oft gar nicht nötig, da die Geräte bei guter Pflege viel länger halten.

Jährlich fallen nach Schätzungen 20-50 Millionen Tonnen Elektroschrott an, der Großteil davon landet illegal in Agbogbloshie, einem Slum der Hauptstadt Accra in Ghana. Tausende Menschen leben auf dieser giftigen Müllhalde und durchsuchen die Altgeräte nach wertvollen Rohstoffen. Um an diese zu gelangen, schmelzen sie die Kunststoffverkleidungen von Kabeln und Platinen und atmen dabei viele giftige Dämpfe ein. Es ist sehr wahrscheinlich, dass eines deiner Altgeräte dort gelandet ist, ohne dass du es wolltest oder wusstest. Zu diesem Thema empfehle ich den Film „Welcome To Sodom“. Elektroschrott bei offiziellen Recycling-Stationen oder dem Hersteller abzugeben, kann den illegalen Export verhindern. Der Naturschutzbund (NABU) sammelt zum Beispiel alte Handys und lässt sie entweder reparieren oder recyceln. Mit dem Geld werden Insektenschutzprojekte gefördert.

Mehr Informationen dazu findest du hier:
nabu.de/umwelt-und-ressourcen/aktionen-und-projekte/handysammlung/

„GRÜNE" MEDIEN

Auch wenn es durchaus gesund ist, den eigenen Medienkonsum etwas einzuschränken, musst du nicht gänzlich darauf verzichten. Greife doch einfach auf Streaming-Dienste und Secondhand-Produkte zurück. Gebrauchte DVDs, Blue-Rays und CDs findest du z. B. in deiner örtlichen Bibliothek, auf dem Flohmarkt, im Secondhand-Laden oder online unter medimops.de oder rebuy.de. Neue Filme sehe ich mir ganz klassisch am liebsten im Kino an. Du kannst Filme und Serien auch online bei einem Streaming-Anbieter schauen. Für Musik gibt es auch kostenlose bzw. kostengünstige Portale.

Es gibt viele tolle Dokumentationen und Filme zum Thema Nachhaltigkeit. Die folgenden lege ich dir besonders ans Herz.

- Plastic Planet – Werner Boote
- We Feed the World – Edgar Wagenhofer
- Bottled Life – Urs Schnell
- The True Cost – Andrew Morgan
- Welcome to Sodom – Florian Weigensamer und Christian Krönes
- Taste the Waste – Valentin Thurn
- Cowspiracy – Kip Andersen und Keegan Kuhn
- Minimalism – Matt D'Avella
- Blackfish – Gabriela Cowperthwaite

TIPP

Bitte bedenke, dass für den Gebrauch von Streaming-Diensten riesige Rechenzentren betrieben werden müssen, die einen hohen Stromverbrauch haben und deswegen auch viel zum CO_2-Ausstoß beitragen. Gönne dir und der Umwelt also öfter mal eine digitale Auszeit. Das tut euch beiden gut.

BÜCHER

Auch bei Büchern gibt es Möglichkeiten, Ressourcen und Geld zu sparen. Du kannst sie in einer Bibliothek leihen, E-Books kaufen (dabei am besten auf einen gebrauchten E-Book-Reader zurückgreifen), bei Freunden oder Familienmitgliedern leihen, aus öffentlichen Bücherschränken mitnehmen, die es in immer mehr Innenstädten gibt, oder Hörbücher online anhören. Auch Flohmärkte, Secondhand-Geschäfte und Onlineshops, wie z. B. medimops.de oder rebuy.de, sind tolle Alternativen für gebrauchte Bücher. Neue Bücher kaufe ich trotzdem gern in einer lokalen Buchhandlung. Gerade in der heutigen digitalen Welt haben es die Geschäfte und Autoren besonders schwer.

ÖKOSTROM

Neben dem Kauf von energieeffizienten Geräten ist es sehr nachhaltig, einen Stromtarif von einem reinen Ökostromanbieter zu wählen. Bei diesen Anbietern wird der Strom ausschließlich durch erneuerbare Energien wie Solar-, Wind- und Wasserkraft und Biomasse gewonnen. Echte Ökostromanbieter investieren in neue Anlagen sowie in die Forschung nach besseren Technologien. Ich bin seit Jahren sehr zufrieden mit EWS Schönau®. Gute Anbieter sind aber auch Greenpeace Energy®, Polarstern®, Die Bürgerwerke®, Lichtblick®, Naturstrom® und einige mehr. Gute Informationen dazu findest du unter utopia.de/ratgeber/oekostrom-tarife-vergleich/.

Passend dazu habe ich ein paar Stromspartipps für dich:

- Vermeide bei jedem Gerät den Standby-Modus, der überraschend viel Strom zieht.
- Verwende Steckdosenleisten mit Schalter, schalte sie bei Nichtbenutzung ab.
- Tausche kaputte Glühbirnen gegen sparsame LED-Leuchtmittel.
- Schalte beim Verlassen des Raums das Licht und nachts und vor dem Urlaub deinen WLAN-Router aus.
- Ziehe das Ladekabel nach dem Ladevorgang auch aus der Steckdose.
- Vermindere die Helligkeit deines Bildschirms.

TIPP

Statt Google® kannst du auch Ecosia® als Suchmaschine nutzen. Ecosia® verwendet seine Werbeeinnahmen, um Bäume zu pflanzen.

SCHREIBTISCH: ZERO-WASTE-SWAPS

An deinem Arbeitsplatz entsteht vor allem viel Papiermüll. Kugelschreiber, Textmarker oder Klebestifte bestehen aber auch aus Kunststoff und gehen irgendwann zur Neige. Auch hier gibt es viele Tipps und Alternativen für ökologischere Büroartikel. Die meisten Büroartikel wirst du aber schon besitzen. Brauche diese am besten erst auf, bevor du dir eine nachhaltige Variante besorgst.

Kugelschreiber gibt es oft als Werbegeschenke. Lehne diese am besten ab und kaufe dir einen guten Kugelschreiber, der angenehm in der Hand liegt. Toll ist es, wenn du das Innenleben austauschen kannst, sobald die Farbe aufgebraucht ist.

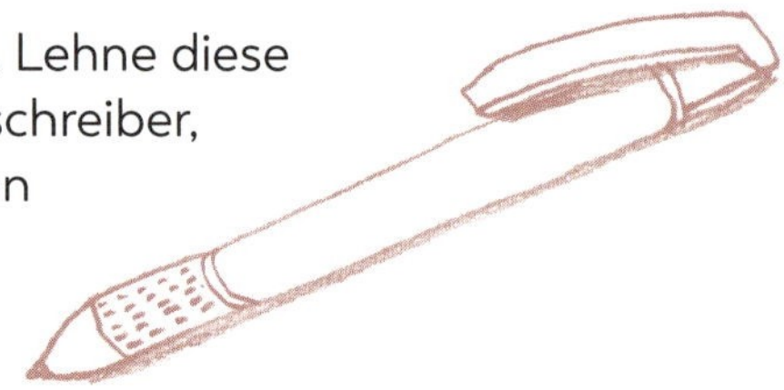

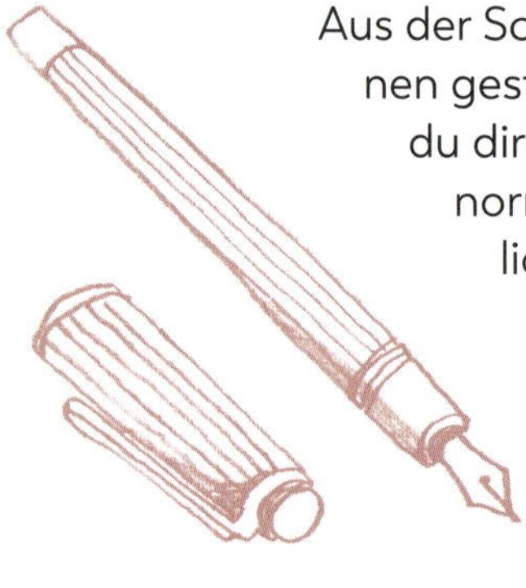

Aus der Schule kenne ich nur **Füller**, in die gefüllte Plastikpatronen gesteckt werden. Es gibt aber sehr schöne Kolbenfüller, die du direkt mit Tinte füllen kannst, ganz ohne Kleckserei. Für normale Patronenfüller sind auch Tintenkonverter erhältlich, die immer wieder mit Tinte aus einem Fässchen befüllt werden können. Tintenfässer sind auch deutlich günstiger als Patronen. Schau in einem Schreibwarengeschäft oder der Müller Drogerie® nach, online erhältlich sind solche Füller unter liebensteiner-shop.de oder schreibkultur-nova.de.

Es gibt Öko-**Textmarker**, z. B. von Stabilo®, diese bestehen zu über 80 % aus recyceltem Plastik. Erhältlich sind sie im Schreibwarengeschäft, in der Müller Drogerie® oder auf memo.de. Natürlich kannst du auch einfach Holzbuntstifte als Marker benutzen.

Achte beim Kauf von **Bleistiften** auf das FSC-Siegel für nachhaltig geschlagenes Holz. Einige Bleistifte sind mit einer Plastikschicht überzogen oder mit unökologischen Farben behandelt, schau im Schreibwarengeschäft am besten nach Bleistiften von Faber Castell® oder Stabilo®, sie sind online erhältlich unter: memo.de.

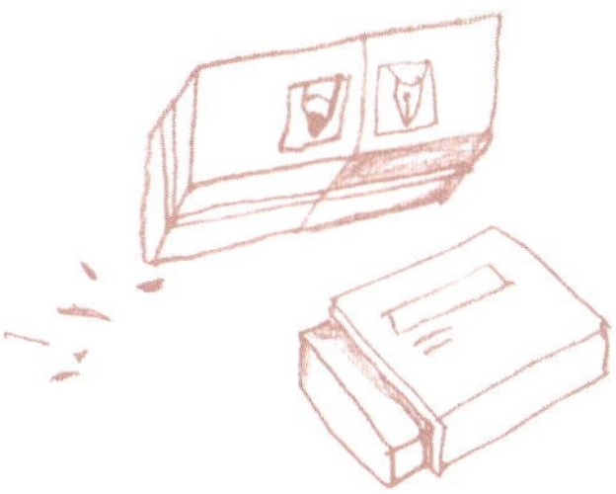

Radiergummi bestehen teilweise aus Kunststoff, du erzeugst also beim Radieren dein eigenes Mikroplastik. Glücklicherweise gibt es auch Radiergummi aus Naturkautschuk im Schreibwarengeschäft, der Müller Drogerie® oder unter memo.de.

Es gibt **Klebebänder** aus recyceltem Plastik oder aus Papier im Schreibwarengeschäft, der Müller Drogerie® oder online unter memo.de.

Auch **Locher, Tacker und Stempel** gibt es aus recyceltem Plastik. Kennst du schon klammerlose Tacker? Diese stanzen und knicken ein kleines Stück der Papiere so zusammen, dass die Blätter fest verbunden sind, ohne dass kleine Metallklammern benötigt werden. Erhältlich sind sie im Schreibwarengeschäft, der Müller Drogerie® oder unter memo.de.

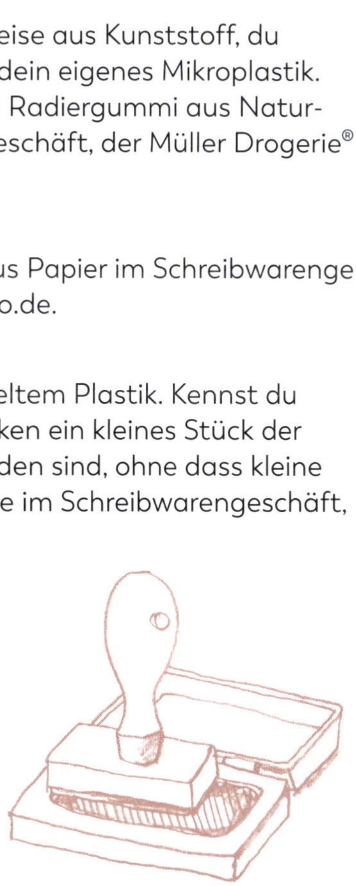

Auf **Hefter und Ordner** kann man nicht verzichten. Gerade Schnellhefter werden in der Schule und Universität viel gebraucht. Es gibt verschiedenfarbige Papierhefter in jedem Schreibwarengeschäft. Beschrifte sie am besten mit Bleistift, dann kannst du sie später wieder für etwas anderes benutzen. Ordner kaufst du am besten aus recyceltem Papier. Auch Heftstreifen, „Aktendulli" genannt, gibt es aus Papier.

Achte beim Kauf deines **Jahresplaners oder Terminkalenders** darauf, dass er aus recyceltem Papier besteht. Diese Kalender gibt es in vielen Buchhandlungen, Schreibwarengeschäften oder unter memo.de.

Beim Kauf eines neuen **Druckers** solltest du unbedingt auf die Energieeffizienz achten, einige Geräte sind auch mit dem Siegel „Blauer Engel" gekennzeichnet. Diese Drucker sind dann besonders emissionsarm und langlebig, außerdem können sie auf jeden Fall beidseitig bedrucken. Wieder befüllbare Toner sind eine müllsparende Alternative.

Auch nachhaltiges **Papier** wird mit dem „blauen Engel“ ausgezeichnet. Dabei handelt es sich um 100 % recyceltes Papier, für das also kein Baum gefällt werden musste. Dieses ist mittlerweile fast so weiß wie Frischfaserpapier. Trotzdem garantiert das Siegel, dass es nicht mit schädlichen Chemikalien oder optischen Aufhellern behandelt wurde. Bei der Herstellung wird gegenüber dem Frischfaserpapier 70 % Wasser und 60 % Energie gespart. Du bekommst Recyclingpapier in vielen Supermärkten, Schreibwarengeschäften und Drogerien.

Tipps zum Papier sparen

- Bedrucke das Papier beidseitig und drucke mehrere Seiten auf ein Blatt.
- Nutze Fehldrucke als Schmierzettel / Einkaufszettel.
- Verschicke E-Mails statt Briefen, außer bei persönlichen Briefen an Freunde und Familie.
- Lies deine liebsten Zeitungen online und beschrifte deinen Briefkasten mit „Bitte keine Werbung und kostenlosen Zeitungen“, außer du liest sie wirklich.
- Bestelle Werbepost und Newsletter ab oder lass sie dir per E-Mail schicken. Durch einen Eintrag auf robinsonliste.de kannst du unerwünschte Werbung auch vermeiden.

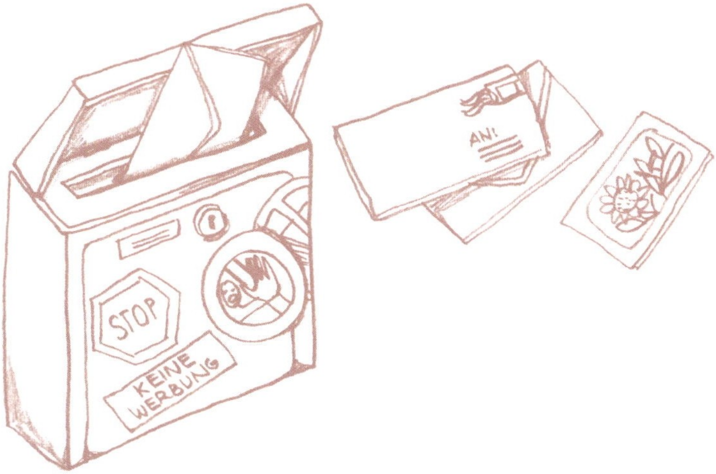

WOHNZIMMER PUTZEN

Für die meisten Böden und Oberflächen eignet sich der Allzweckreiniger von Seite 41. Mit Essig kannst du auch wunderbar deine Fenster putzen, der Geruch verfliegt nach wenigen Augenblicken. Falls du einen neuen Staubsauger brauchst, kaufe dir doch einen, der keine Beutel braucht. Damit sparst du über die Lebenszeit des Gerätes hinweg unheimlich viel Geld und Müll. Den Staub- und Schmutzbehälter aus dem Staubsauger kannst du einfach direkt in den Restmüll kippen. Such in deinem Elektrofachhandel danach. Im Internet kannst du dir auch Testberichte der verschiedenen Marken und Modelle ansehen.

CHECKLISTE

- [ ] nach Umsonstläden in der Umgebung gesucht
- [ ] fair produzierte Elektrogeräte angesehen
- [ ] „Welcome to Sodom“ angeschaut
- [ ] alte Handys an Recyclingstationen oder den NABU abgegeben
- [ ] bei der Bibliothek angemeldet
- [ ] Stromspartipps umgesetzt
- [ ] nach ökologischen Büroartikeln geschaut
- [ ] Ecosia® als Standardbrowser eingestellt
- [ ] mindestens eine Sorte Werbepost auf E-Mail umgestellt (z. B. Versicherung, Krankenkasse, Mobilfunkanbieter)

Wahrscheinlich hast du über die letzten Wochen bereits eine andere Sichtweise auf deinen Besitz und deinen Müll gewonnen und dir ist einiges aufgefallen. Es gibt so viele Dinge, die uns nicht bewusst sind, weil sie so normal scheinen. Mit deinem neuen analysierenden Blick nehmen wir dein Schlafzimmer und, wenn vorhanden, das Kinderzimmer unter die Lupe.

NOTIZEN

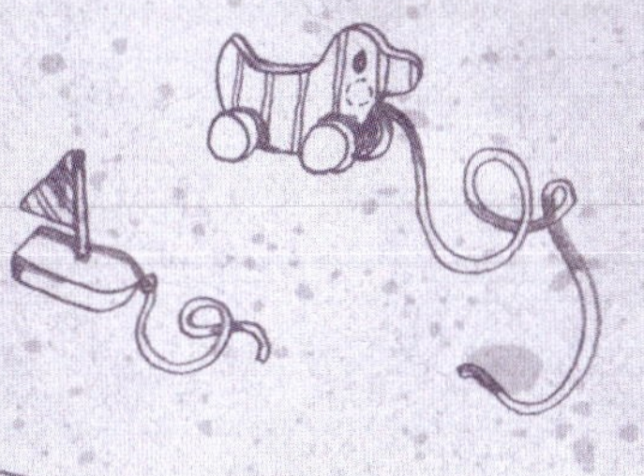

WOCHE 5

SCHLAF- UND KINDER- ZIMMER

Im Schlafzimmer hat der Kleiderschrank die wohl größte Bedeutung. Hier lagern vielleicht Kleidungsstücke, die du zwar schön findest, aber nie trägst, die dir nicht passen, Fehlkäufe oder Kleidung, von der du gar nicht mehr weißt, dass du sie besitzt. Lange Zeit ging es mir auch so. Seit zwei Jahren habe ich nun einen deutlich weniger gefüllten Kleiderschrank, bin viel zufriedener und stehe nicht mehr ewig davor.
Auch im Kinderzimmer herrscht ein reger Wechsel von Kleidung und Spielzeugen. Wie du vermeidest, dass deine kleinen Menschen zu viel Müll verursachen, findest du auch in diesem Kapitel.

KLEIDERSCHRANK

Meist hat Ratlosigkeit vor dem eigenen Kleiderschrank damit zu tun, dass uns die Menge an Kleidung überfordert und unkreativ macht. Jeder Deutsche kauft im Schnitt 60 neue Kleidungsstücke pro Jahr und trägt sie nur noch halb so lange wie vor 15 Jahren. Laut einer Greenpeace-Umfrage tragen wir nur ein Drittel unserer Kleidungsstücke regelmäßig. Wir brauchen also gar nicht so viel, wie wir kaufen.

Die aktuellen Trends wechseln sich so schnell ab, dass Kleidung schnell „out“ ist, dann sortieren wir sie aus und werfen sie im schlimmsten Fall weg. Die Qualität der günstigen Mode sinkt auch immer mehr, wodurch noch mehr Textilmüll entsteht. Unsere Kleidung wird weit weg von uns produziert, etwa in Bangladesch oder Indien, daher bleiben viele Fakten vor uns verborgen. Baumwolle muss zum Beispiel stark bewässert werden, daher verbraucht ein T-Shirt etwa 2.000 l Wasser in seiner Produktion. Die Näher*innen arbeiten meist unter unwürdigen Bedingungen und werden sehr schlecht bezahlt. Hier ist es besonders wichtig, nicht wegzusehen. Informiere dich gerne über die spannende Dokumentation „The True Cost“.

Anders ist das bei sogenannter Fair Fashion, hier legen die Marken großen Wert auf Transparenz, nachhaltig produzierte Stoffe und faire Löhne für die Arbeitenden. Die mittlerweile große Anzahl an fairen Mode-Labels kann aber etwas überfordernd wirken, daher habe ich für dich einige Marken zusammengetragen, mit denen ich sehr gute Erfahrungen gemacht oder über die ich schon viel Gutes gehört habe. In einigen großen Städten gibt es mittlerweile Fair Fashion Stores, ansonsten bleibt bisher die Hauptbezugsquelle das Internet.

Unter getchanged.net kannst du Geschäfte in deiner Nähe finden, die faire Mode verkaufen.

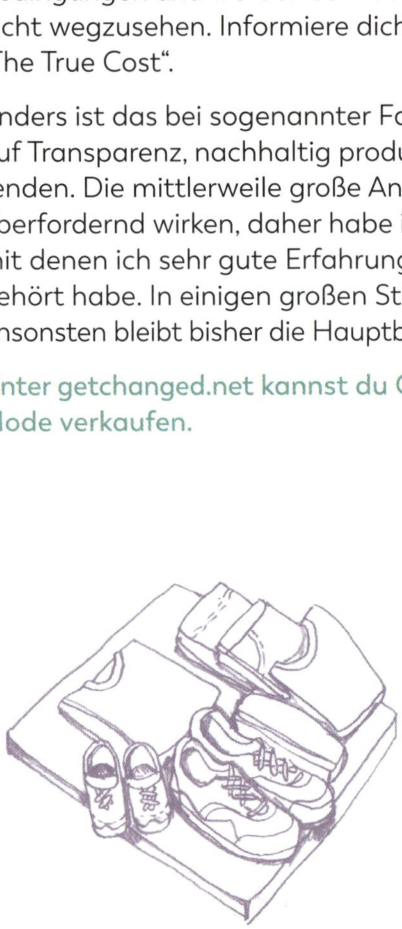

FAIR-FASHION-MARKEN

- **T-Shirts**
  Funktionsschnitt® (funktionschnitt.de)
  Armedangels® (armedangels.de)
  Grundstoff® (grundstoff.net)

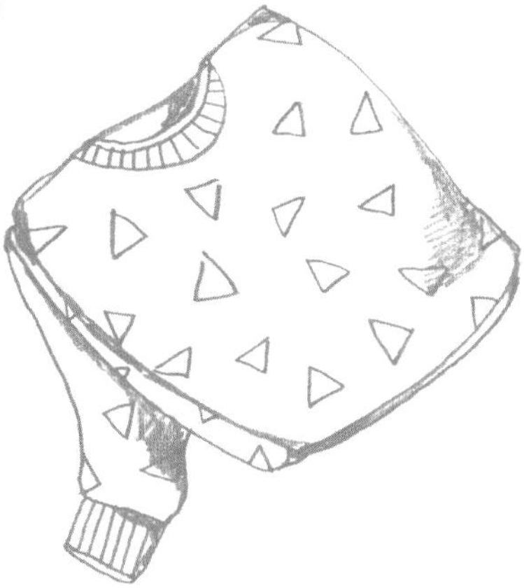

- **Jeans**
  Armedangels® (armedangels.de)
  Kuyichi® (kuyichi.com/de/)
- **Schuhe**
  Ethletic® (shop.ethletic.com/de/)
  Veja® (avocadostore.de)
- **Pullover**
  Dariadeh® (dariadeh.com)
  Armedangels® (armedangels.de)
  Jan 'n June® (jannjune.com)

- **Wäsche**
  Comazo® (comazo.de)
  Erlich Textil® (erlich-textil.de)
- **Schmuck**
  Jyoti Fair Works® (jyoti-fairworks.org/shop/)
  Be Wooden® (bewooden.de)
  People Tree® (peopletree.de)
- **Rucksäcke / Taschen**
  Ethnotek® (ethnotek.de)
  Melawear® (melawear.de)
- **Geldbörsen**
  denkefair® (denkefair.de)
- **Sport / Outdoor**
  Patagonia® (eu.patagonia.com/de/de/home/)
  Mandala® (mandala-fashion.com)
  Prana® (global.prana.com)

- **Verschiedenes**
  avocadostore.de
  greenality.de
  hessnatur.de

SECONDHAND STATT FIRSTHAND

Ökologische Kleidung zu kaufen, muss aber gar nicht teuer sein, denn es spart unheimlich viele Ressourcen, diese aus zweiter Hand zu erwerben. So kannst du nicht nur sehr viel Geld sparen, du kannst auch Kleidungsstücke finden, die garantiert sonst keiner hat. Auch teure Markenkleidung kannst du deutlich günstiger bekommen. Mir macht es sehr viel Spaß, auf Städtetrips durch vorsortierte Secondhand-Läden zu stöbern. Diese sind nicht so alt und muffig, wie du vielleicht denkst. Meist ist die Kleidung farblich sortiert, es läuft gute Musik und es gibt nettes Personal. Dafür ist die vorsortierte Kleidung etwas teurer. Richtige Schnäppchen kannst du in einfachen Secondhand-Läden machen, dafür musst du aber etwas länger stöbern. Solltest du etwas Bestimmtes suchen, versuch es mal mit Online-Secondhand-Shops, da du hier nach einem bestimmten Suchbegriff sortieren kannst.

- **Vorsortierte Secondhand-Läden**
  Pick n Weight Vintage Store (Hamburg, Köln, Berlin, München)
  Vintage & Rags (Hamburg)

- **Einfache Secondhand-Läden**
  ReSales® (in vielen Städten, resales.de)
  Humana (Bochum, Berlin, Köln, Dresden, Hamburg, Leipzig)
  DRK Kleiderladen (drk.de)
  Caritas Kleiderkammern (caritas.de)
  Oxfam® (in vielen Städten, shops.oxfam.de/shops)

- **Online-Secondhand-Shops**
  Kleiderkreisel® (kleiderkreisel.de)
  ubup® (ubup.com)
  Mädchenflohmarkt® (maedchenflohmarkt.de)

Aber auch abseits von Geschäften und Onlineshops gibt es schöne Möglichkeiten, an gebrauchte Kleidung zu kommen, z. B. lokale Flohmärkte, „Mädchen Klamotte"-Flohmärkte (Termine unter maedchenklamotte.de) oder Kleidertausch-Partys. Eine solche Party kannst du auch selbst mit deinen Freunden organisieren, sie muss nicht öffentlich sein. Deine liebsten Menschen können untereinander Kleidung tauschen, die sie nicht mehr tragen oder die nicht mehr passt.

KLEIDER-LEASING

Wusstest du schon: Tolle Outfits kannst du auch mieten statt kaufen. Es gibt Geschäfte und Onlineshops, von denen du Kleidung für den Alltag oder spezielle Anlässe leihen kannst.

- **Stay Awhile®**
  Online-Verleih, es gibt verschiedene Pakete und Abonnements unter stay-awhile.de
- **Dresscoded®**
  Online-Verleih, besondere Abendkleider und Trachten: dresscoded.com
- **Myonbelle®**
  Online-Verleih, Outfits für Alltag, Büro und Party unter myonbelle.de
- **Räubersachen®**
  Online-Verleih von Kinder- und Babykleidung unter www.raeubersachen.de

AB IN DEN KLEIDER-CONTAINER?

Ein Kleidungsstück passt nicht mehr, gefällt nicht mehr oder ist kaputt? Hier folgen ein paar Ideen, was du damit anstellen kannst:

- Lass es in einer Änderungsschneiderei reparieren / ändern.
- Lange Hosen kannst du zu einer kürzeren Hose machen oder daraus einen Rock oder eine Tasche schneidern.
- Aus einem langärmligen Shirt wird ein T-Shirt, aus einem T-Shirt ein Top.
- Mit Waschmaschinenfarbe kannst du deine Kleidung ganz einfach einfärben. Oder probiere es mit „batiken" oder mit Textilstiften.
- Aus alter Kleidung kannst du Stoffbeutelchen zum Einkaufen nähen, Abschminktücher oder Stofftaschentücher selbst machen oder sie zu Putzlappen zerschneiden.

Wenn du das nächste Mal deinen Kleiderschrank ausmistest, schmeiß die Kleidung bitte nicht in den Müll. Gute erhaltene Kleidungstücke kannst du auch bei Kleiderkreisel oder auf dem Flohmarkt verkaufen. Über das ein oder andere Teil freut sich vielleicht ein Freund oder eine Freundin. Alles, was du nicht verkaufen möchtest oder kannst, ist bei Secondhand-Läden gut aufgehoben, viele nehmen gern Spenden an. Kleiderspendencontainer kann ich nur eingeschränkt empfehlen. Ein Großteil der Kleidung daraus wird nicht wie gedacht an arme Menschen verschenkt, sondern in großen Bündeln nach Afrika und Südamerika verkauft. Dort gibt es so viel importierte Kleidung, dass die lokale Textilindustrie komplett eingebrochen ist, dadurch sind viele Arbeitsplätze verloren gegangen. Zu diesem Thema empfehle ich die NRD Dokumentation „Die Altkleiderlüge". Möchtest du deine Kleidung an Bedürftige spenden, gib sie doch direkt bei einem DRK- oder Caritas-Kleiderladen ab. Auch lokale Stadtmissionen nehmen Kleiderspenden, z. B. für wohnungslose Menschen, an. Schau auf deren Website oder frage nach, was aktuell gebraucht wird.

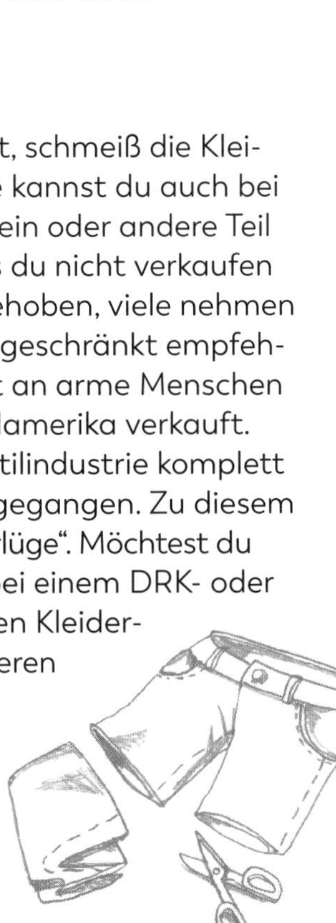

SCHLAFZIMMERMÖBEL

Wie schon im Wohnzimmer kannst du natürlich auch Schlafzimmermöbel gebraucht kaufen. Möchtest du lieber ein neues Möbelstück, könntest du hier fündig werden:

- roominabox.de (Möbel aus Pappe – verrückt, oder?)
- minuuk.de
- loewenatur.com
- endlos-gesund.de
- werkhaus.de
- „Grüne Erde"®-Geschäfte sowie online grueneerde.com

Bettwäsche, Kissen und Matratze wirst du wahrscheinlich schon besitzen. Es ist natürlich am besten, alles so lange zu nutzen wie möglich. Wenn du aber neue ökologische Bettwäsche oder eine neue plastikfreie Matratze brauchst, kannst du hier stöbern:

- Hessnatur®-Geschäfte oder online unter hessnatur.com/de/
- avocadostore.de
- hans-natur.de
- waschbaer.de
- simpelsleep.com
- erlich-textil.de
- prolana.com
- allnatura.de

KINDERZIMMER

Kinder verursachen ganz schön viel Müll, obwohl sie das noch gar nicht beeinflussen können. Ich selbst habe noch keine Kinder, bin aber Erzieherin in einer Krippe und habe daher auch ein paar kleine Tipps zur Müllvermeidung mit Kind oder Neugeborenem.

WINDELN

Etwa 5.000 **Wegwerfwindeln** benötigt ein Kind, bis es auf die Toilette gehen kann. Das ist eine Menge Restmüll, der am Ende verbrannt wird oder auf Deponien landet. Eine Alternative zu Einwegwindeln sind Stoffwindeln, diese können wie Unterwäsche gewaschen und wiederverwendet werden. Auch diese kannst du gebraucht kaufen. Davon gibt es viele verschiedene Systeme, hier kannst du dir unterschiedliche Varianten ansehen:

- windelmanufaktur.com/de/
- disana-shop.com
- popolini.com/B2C/
- imsevimse.de

Windeln bestehen zum Teil aus dem Kunststoff Polyethylen. Es gibt aber auch Öko-Einwegwindeln, diese bestehen aus umweltverträglicheren Materialien wie Bio-Kunststoff und FSC-zertifiziertem Zellstoff. Diese Windeln gibt es auch in Supermärkten und Drogerien:

- Moltex nature® (Tegut®, Rossmann®, Rewe® uvm.)
- Eco by Naty® (Tegut®, Alnatura®, Bioladen)
- babylove Öko-Windeln® (dm Drogerie®)
- babydream Windeln® (Rossmann®)

Feuchttücher verursachen nicht nur viel Müll, sondern sind auch noch alles andere als gut zur Haut. Zu Hause kannst du einfach kleine Baumwolltücher aus alter Kleidung oder Waschlappen verwenden. Diese eignen sich, mit Wasser oder Öl getränkt, sehr gut als Alternative zum Feuchttuch. Du kannst sie waschen und mehrfach verwenden, außerdem enthalten sie keine Zusätze wie Konservierungs- oder Duftstoffe.

KINDERKLEIDUNG

Kinderkleidung lässt sich besonders gut gebraucht finden. Da die Sachen aufgrund des schnellen Wachstums von Kindern nur kurze Zeit getragen werden können, sind sie beim Weiterverkauf meist wie neu. Natürlich kannst du auch in deiner Familie oder deinem Freundeskreis fragen, ob jemand Kinderkleidung abzugeben hat. Ansonsten gibt es auf Flohmärkten viel zu finden, oft gibt es sogar extra Kindersachenflohmärkte.

Auch im Internet gibt es einige Seiten speziell für Kinderkleidung:

- mamikreisel.de
- kinderado.de
- percentil.de

Möchtest du gern neue Kleidung, kannst du hier fündig werden:

- Alana® (dm Drogerie®)
- Pusblu® (dm Drogerie®)
- People Wear Organic® (Alnatura®)
- Hessnatur® (Geschäfte in Hamburg, München, Frankfurt, Butzbach, Düsseldorf oder online unter hessnatur.com/de/)
- Living Crafts® (livingcrafts.de)

Auch Kinderkleidung kann geliehen werden unter kilenda.de.

KINDERWAGEN UND SPIELZEUG

Kinderwagenhersteller weisen oft darauf hin, dass die Wägen vor der Geburt des Kindes ein paar Wochen auslüften sollen. Hier hast du also bei einem Gebrauchtkauf deutliche Vorteile, da die Chemikalien schon verflogen sind. Du kannst in deinem Umfeld fragen, auf eBay Kleinanzeigen® oder Flohmärkten schauen.

Ein paar Onlineshops sind ebenfalls darauf spezialisiert:

- mamikreisel.de
- lila-laune-shop.de
- mamamiassecondhaendchen.de

Langlebiges **Kinderspielzeug** ohne Plastik kannst du in vielen Spielwarengeschäften und gebraucht auf Flohmärkten finden. Dabei handelt es sich meist um gutes altes Holzspielzeug von früheren Generationen. Als Erzieherin kann ich dir nur sagen: „Weniger ist mehr." Kleine Kinder brauchen keine vollen Spielzeugkisten, oft reichen einfache lebensnahe Dinge wie kleine Töpfe, Löffel, Becher, Tücher, Taschen, Körbe, Kastanien, Holztiere, Bälle, Bausteine, eine Puppe und so weiter.

Neue ökologische Spielsachen kannst du hier finden:

- waldorfshop.eu
- echtkind.de
- gruenes-spielzeug.de

Die meisten **Schnuller** bestehen aus Latex oder Silikon. Der Teil, den das Kind nicht in den Mund nimmt, besteht aber meist aus Kunststoff.

Es gibt als Alternative tolle Naturkautschuk-Schnuller:

- hans-natur.de
- gruenspecht.de

SNACK UND HYGIENE

Kinder haben meist öfter Hunger als Erwachsene. Mittlerweile gibt es sehr viele **Snacks** für Kinder, die zwar praktisch, aber unnötig verpackt sind – Fruchtmus oder Joghurt, der aus kleinen Tüten gequetscht wird, einzeln verpackte Kekse, getrocknetes Obst und vieles mehr. Um hier Müll zu sparen, kannst du Fruchtmus im Glas kaufen oder selber machen. Auch Kekse können selbst gebacken oder in einer großen Verpackung gekauft werden. In einer Brotdose lassen sie sich prima mitnehmen, genau wie frisches Obst und Gemüse.

Die Drogerien sind voll mit speziellen **Baby- und Kindershampoos** und **-duschgels**, Cremes, Badezusätzen und vielem mehr. Die Haut von Kindern ist besonders empfindlich und braucht nicht so viele verschiedene Produkte. Als Badezusatz für Babys reicht ein Schuss Öl (z. B. Olivenöl) oder Muttermilch. Später können Haare und Körper auch mit milden Seifen gewaschen werden, am besten ohne Duft und ätherische Öle. Zum Pflegen der Haut reicht ebenfalls ein Öl, eine selbstgemachte oder Naturkosmetik-Creme.

WUSSTEST DU SCHON, DASS …

… Rosen zum Valentinstag kein nachhaltiges Geschenk sind? Im Februar wachsen Rosen nur in wärmeren Gebieten wie Afrika und Südamerika. Damit sie besonders frisch bei uns ankommen, werden sie aus diesen Ländern eingeflogen. Rosen sind ein sehr beliebtes Geschenk, daher hat allein Lufthansa® im Jahr 2018 ganze 800 Tonnen Rosen nach Frankfurt geflogen. Das entspricht elf Frachtflugzeugen. Ein viel nachhaltigeres Geschenk ist, gemeinsame Zeit mit seinem liebsten Menschen zu verbringen.

CHECKLISTE

- [ ] in Fair-Fashion-Onlineshops gestöbert
- [ ] nach Secondhand-Läden in der Umgebung gesucht
- [ ] ein altes Kleidungsstück „upgecycelt“
- [ ] „The True Cost“ angeschaut
- [ ] über Kleiderverleih informiert

Falls du ein Kind hast oder einfach interessiert bist

- [ ] Stoffwindeln angeschaut
- [ ] Kinderflohmärkte in der Umgebung gesucht
- [ ] Feuchttücher-Alternative getestet

Das war der letzte Raum deiner Wohnung. Wir haben aber noch einen Teil deines Lebens vor uns, der beginnt, wenn du dein Haus verlässt. Auf dem Weg zur Arbeit, zur Uni, zu Freunden, im Urlaub und so weiter gibt es auch ein paar Tipps zur Vermeidung von Müll.

NOTIZEN

WOCHE 6

UNTERWEGS & AUF REISEN

Außerhalb deiner Wohnung kannst du auch in die ein oder andere Müllfalle geraten. Gerade, wenn du länger unterwegs bist und nichts zu trinken oder zu essen dabei hast, sind To-go-Angebote verlockend. Es gibt ein paar Helfer, die du am besten immer in deinem Rucksack oder deiner Tasche hast, um diesen Fallen zu entgehen.

ZERO-WASTE-TOOLS

Ich habe immer ein paar Zero Waste Tools in meinem Rucksack, dank denen ich auf viele verschiedene Situationen vorbereitet bin, in denen sonst Müll entsteht. Dazu gehören eine wiederbefüllbare Trinkflasche, ein zusammengerollter Jutebeutel, kleine Beutelchen für spontane Einkäufe oder für Backwaren unterwegs, Stofftaschentücher in einem kleinen Reißverschlusstäschchen. Sind Stofftaschentücher nichts für dich, kannst du dir auch Recycling-Papiertaschentücher in Pappkartonspendern ohne Plastiklasche kaufen, z. B. in der dm Drogerie® oder bei Tegut®. Für unterwegs kannst du ein paar davon in ein kleines Täschchen stecken.

Optional kannst du noch die folgenden Dinge mitnehmen: Mehrweg-Coffee-to-go-Becher, Snacks wie Nüsse und Trockenfrüchte für längere Ausflüge, Box mit vorbereitetem / vorgekochtem Essen, Gabel, Messer, Löffel, z. B. für den Besuch von Food Festivals oder Jahrmärkten, leere, dichte Box für Restaurantbesuche, um Reste einpacken zu lassen.

Was du unbedingt in den Urlaub mitnehmen solltest, sind gefüllte Brotboxen für die Fahrt. Diese sind im Urlaub dann tolle Lunchboxen für Ausflüge. Außerdem noch die Zero Waste Tools für unterwegs. Gibt es einen Unverpackt-Laden im Urlaubsort? Dann Beutelchen und Gläser mitnehmen. Vergiss auch dein selbstgemachtes Mückenspray nicht.

Tipps, um unterwegs Müll zu vermeiden:

- Fülle deine Trinkflasche an Trinkbrunnen oder an Waschbecken auf.
- Bestelle Eis immer in der Waffel und verzichte auf den Löffel.
- Lass dir Backwaren direkt auf die Hand geben oder in deine Beutelchen packen.
- Speichere Zugtickets als PDF auf dem Handy oder kaufe sie direkt in der Bahn-App.
- Lasse deine Hände nach dem Händewaschen durch Gebläse trocknen oder reibe sie in den Kniekehlen an der Hose trocken, das spart viele Papiertücher.
- Du hast eine Ferienwohnung? Nimm unverpackte Grundnahrungsmittel wie Nudeln, Reis etc. mit, dann musst du vor Ort kein plastikverpacktes Essen kaufen.
- Sammle doch auf deinem Weg ein paar Stücke Müll auf und wirf sie in den nächsten Mülleimer.
- Bestelle Kaltgetränke immer mit dem Satz „Bitte ohne Strohhalm."
- Falls du fliegen musst, kannst du deine leere Trinkflasche durch die Kontrolle mitnehmen und danach wieder mit Wasser auffüllen. Getränke im Flugzeug werden in Plastikbechern serviert, diese kannst du einfach dankend ablehnen.

NACHHALTIG REISEN

Generell ist es am ökologischsten mit dem Fahrrad, dem Fernbus oder dem Zug zu verreisen. Danach kommen ein möglichst voll besetztes Auto und dann ein Flugzeug oder ein Kreuzfahrtschiff. Von A nach B kannst du auch mit einer Mitfahrgelegenheit fahren. Es gibt Apps wie z. B. Blablacar® oder die Mitfahrzentrale®, bei denen du dich kostenlos anmelden kannst. Anschließend kannst du Fahrer*innen suchen, die die gleiche Strecke fahren wie du, und bei ihnen mitfahren. Auf den Profilen der Menschen findest du Bewertungen von bisherigen Mitfahrer*innen, dir kann also nichts passieren. Du zahlst dafür durchschnittlich 5 € pro 100 km. Du kannst natürlich auch deine eigene Fahrt einstellen und Leute mitnehmen. Mehr Informationen dazu findest du unter: blablacar.de oder mifaz.de

FESTIVALS OHNE MÜLLBERGE

Wer an ein Festival denkt, dem fällt nach der guten Musik wahrscheinlich der viele herumliegende Müll ein. Sehr schade, denn es muss nicht so sein. Mit den folgenden Tricks kannst du das vermeiden:

- Informiere dich, was mit aufs Festivalgelände darf: Faltbare Trinkflaschen? Ein Tetrapack? Gibt es Stationen, um Wasser aufzufüllen? Nimm eigene Getränke mit, wenn möglich. Wir haben z. B. ein Tetrapack gekauft und auf dem Campingplatz immer wieder aus Glasflaschen aufgefüllt.
- Nimm eine Regenjacke mit, dann brauchst du kein Einweg-Regencape.
- Pack deinen Müll in einen Müllsack und gib ihn ab, manchmal gibt es sogar Müllpfand und du erhältst Geld zurück.
- Glasverbot auf dem Campinggelände? Kein Problem. Fülle vorab Lebensmittel aus Gläsern in Edelstahl- oder Mehrweg-Plastikboxen.
- Kaufe statt Getränkedosen lieber Mehrweg-Plastikflaschen oder fülle zu Hause alkoholische Getränke in deine wiederverwendbaren Trinkflaschen um.
- Dosengerichte? Lieber nicht. Nudeln mit Pesto zu kochen geht genauso schnell.
- Bringe dir Nudeln, Reis und Müsli idealerweise aus dem Unverpackt-Laden in Stoff- oder Papierbeuteln mit, die du danach weiterbenutzen kannst.
- Grillen? Vermeide Einweggrills, bring dir einen kleinen Grill mit oder teile einen mit deinem Campingplatznachbar. Bereite dir Seitansteaks vor und nimm Gemüse oder Maiskolben mit.
- Glitzer besteht leider aus winzigen Plastikteilchen, es gibt zum Glück biologisch abbaubares Glitzer unter natureglitz.com.

WUSSTEST DU SCHON, DASS ...

... Luftballons der tödlichste Müll für Tiere sind? Luftballons landen leider überall da, wo Plastik nichts zu suchen hat, in Wäldern, Flüssen und im Meer. Die Tiere dort verwechseln die Ballons mit Nahrung und fressen sie. Die weichen Plastikteile bleiben besonders gut im Magen-Darm-Trakt stecken, daran verenden die Tiere qualvoll. Es gibt zwar Luftballons, die sich mit der Zeit zersetzen, aber die können trozdem vorher von Tieren gefressen werden. Am besten ist es daher, die Ballons nicht steigen zu lassen und sie später ordnungsgemäß zu entsorgen.

CHECKLISTE

- ☐ wiederverwendbare Trinkflasche im Rucksack / in der Tasche
- ☐ plastikfreie Taschentücher organisiert
- ☐ beim Bäcker etwas ohne Bäckertüte gekauft
- ☐ über Mitfahrgelegenheiten informiert
- ☐ Getränk ohne Strohhalm bestellt
- ☐ ein Stück Müll aufgesammelt

Geschafft! Wir sind deine komplette Wohnung durchgegangen. Jetzt hast du eine Menge Tipps bekommen, um Müll zu vermeiden. Vielleicht hast du auch schon die ersten Veränderungen bemerkt? Mir ist in den letzten Jahren aufgefallen, dass mein Leben deutlich einfacher wurde, da ich viele Dinge einfach weglasse, die ich nicht brauche. Den Konsum zu reduzieren, schont nicht nur die Umwelt, sondern auch deinen Geldbeutel, macht dich freier und deine Wohnung ordentlicher. Ärgere dich nicht, wenn nicht alles auf Anhieb klappt oder du mal etwas vergisst, das passiert mir auch immer noch. Wichtig ist, dass du dein Bestes gibst, für die Meere, die Tiere, die Menschen und für dich!

NOTIZEN

HAST DU NOCH MEHR ZERO-WASTE-IDEEN?

Dann notiere sie hier, damit du sie nicht vergisst.

BUCHEMPFEHLUNGEN FÜR DICH

Noch mehr kreative Bücher zum gleichen Thema gesucht?

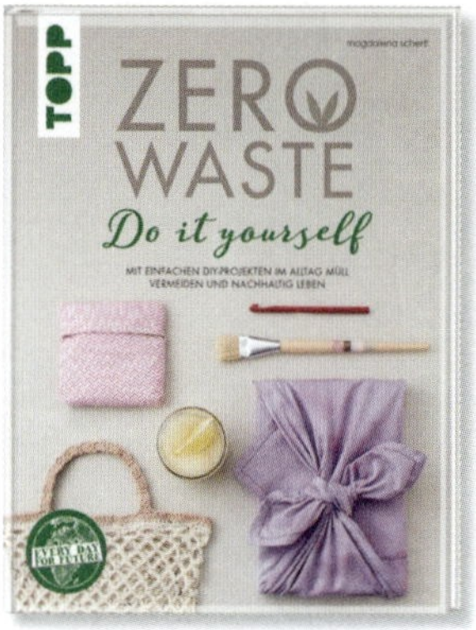

ISBN 978-3-7724-7158-2

ISBN 978-3-7724-7151-3

ISBN 978-3-7724-8159-8

ISBN 978-3-7724-4815-7

ISBN 978-3-7724-8460-5

ISBN 978-3-7724-8468-1

ISBN 978-3-7724-4976-5

ISBN 978-3-7724-7164-3

ISBN 978-3-7724-7172-8

ODER WILLST DU MAL ETWAS NEUES AUSPROBIEREN?

ISBN 978-3-7724-7486-6

ISBN 978-3-7724-7485-9

ISBN 978-3-7724-7487-3

ISBN 978-3-7724-4922-2

ISBN 978-3-7724-4921-5

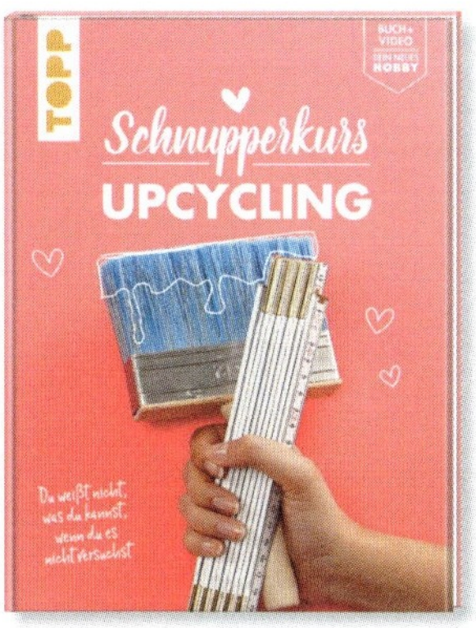

ISBN 978-3-7724-7929-8

ISBN 978-3-7724-7168-1

ISBN 978-3-7724-8423-0

#TOPPPROJEKT

Zeige allen, wie kreativ du bist. Teile dein TOPPprojekt mit anderen Kreativen und werde Teil der Gemeinschaft.

Du bist DIY-begeistert und auf Instagram? Mach mit! Hier siehst du, was andere machen, bekommst Tipps und Feedback zu deinen Projekten und wir verlosen jeden Monat ein Überraschungspaket. Um am Gewinnspiel teilzunehmen, poste ein Bild von deinem Kreativ-Projekt aus unseren Büchern mit #TOPPprojekt und folge unserem Account @frechverlag. Mehr Infos findest du auf **TOPP-kreativ.de/TOPPprojekt**

Mach mit beim

#TOPPPROJEKT

#TOPPprojekt
@frechverlag

Webseite

Auf TOPP-kreativ.de findest du unser riesiges Angebot von über 1.000 Kreativbüchern, Sets & mehr.

Newsletter

Hier erfährst du als Erstes von unseren Neuheiten und Sonderaktionen: TOPP-kreativ.de/newsletter

Instagram

@frechverlag

Pinterest

pinterest.com/frechverlag

Facebook

facebook.com/frechverlag

DigiBib

Hier erhältst du zusätzlich zu einigen unserer Bücher digitale Extras, wie Video-Tutorials, Plotter-Dateien, Vorlagen, Übungsblätter & vieles mehr.

Schau im Impressum deines TOPP-Buchs nach, ob dort ein Code vorhanden ist und schalte dir deine Inhalte frei: TOPP-kreativ.de/digibib

Youtube

youtube.com/frechverlag

Svenja Preuster wurde 1995 geboren und wuchs in Friedrichroda im Thüringer Wald auf. Im Alter von 16 Jahren eröffnete sie ihren YouTube-Kanal. Mit 18 Jahren stieß sie durch Hautprobleme auf Naturkosmetik, welche der Einstieg in ihr nachhaltiges Leben war. Seitdem erstellt Svenja neben ihrer Tätigkeit als Erzieherin wöchentlich Videos rund um die Themen Müllvermeidung, Klimaschutz, Minimalismus und viele mehr. Sie recherchiert dafür ausgiebig, um die Hintergründe und Zusammenhänge zu verstehen. Ihre Motivation ist die Schönheit und Komplexität der Natur, für deren Erhalt sie alles geben möchte.

YouTube: Fräulein Öko

Instagram: @fraeulein.oeko

Facebook: Fräulein Öko

Florine Glück ist in Süddeutschland aufgewachsen und studierte an der Akademie der Bildenden Künste Stuttgart bei Professor Niklaus Troxler. Nach Stationen in Barcelona und New York lebt sie seit vielen Jahren mit ihrer Familie in Wien.

Seit 2008 arbeitet sie als Freiberufliche Illustratorin für nationale und internationale Designstudios, Magazine und Verlage. Ihre Arbeiten wurden vielfach ausgezeichnet.

In Wien liebt sie das gemeinsame Gärtnern mit ihren beiden Kindern im Gemeinschaftsgarten bei den Sängerknaben.

Webseite: www.FlorineGlueck.com

Instagram: @florine_glueck

Netzwerk: @drawing_ladies_vienna

Der Downloadcode für das Mini-Poster lautet:
11134

KREATIV-HOTLINE

Hilfestellung zu allen Fragen, die Materialien und Bücher betreffen: Frau Erika Noll berät Sie. Rufen Sie an oder schreiben Sie eine E-Mail!

Telefon: 0 50 52 / 9118 58*
E-Mail: mail@kreativ-service.info
*normale Telefongebühren

IMPRESSUM

Texte: Svenja Preuster

Illustrationen: Florine Glück, Wien

Produktmanagement: Lisa-Marie Weigel

Lektorat: Julia Lucas, Düsseldorf

Covergestaltung: Eva Grimme

Layout und Satz: Konstanze Laue

Druck und Bindung: Livonia Print SIA, Lettland

2. Auflage 2020

ISBN: 978-3-7724-4950-5 · Best.-Nr. 4950

FSC www.fsc.org
MIX
Papier aus verantwortungsvollen Quellen
FSC® C002795